◆高等院校人物形象设计专业系列规划教材◆

FU SHI DA PEI YI SHU

服饰搭配艺术

秦　臻　刘江南　主　编
杨奇军　肖宇强　副主编

合肥工业大学出版社
HEFEI UNIVERSITY OF TECHNOLOGY PRESS

内容简介

服饰搭配是人物形象设计中的重要内容，掌握服饰搭配技巧不仅对专业的形象设计构建具有重要作用，而且对人们日常生活的着装美化同样具有现实意义。

为了给读者提供服饰搭配艺术的理论与实践指导，本书围绕高等院校服饰搭配艺术课程教学大纲要求，以具体案例形式，对服饰搭配的构成要素、服饰搭配设计美学规律、不同体型的服饰搭配方法、不同季节和不同场合的服饰搭配方法、服装品牌风格等内容进行了深入介绍与分析，力求做到理论与实践、传统与创新、流行与时尚紧密结合。为了达到良好的教学效果，本书不仅展示了大量原创的教学图片和优秀作品，而且还运用深入浅出、通俗易懂、图文并茂的表达方式，目的是让读者在学习时达到事半功倍的效果，可在较短时间里了解服饰搭配理论知识和掌握服饰搭配技巧。

本书不仅适合高等院校人物形象设计、服装与服饰设计专业的学生作为教材使用，也可供形象设计培训机构的学员及其他对此感兴趣读者参考。

图书在版编目（CIP）数据

服饰搭配艺术/秦臻，刘江南主编. —合肥：合肥工业大学出版社，2017.10
ISBN 978-7-5650-3618-7

Ⅰ.①服…　Ⅱ.①秦…　②刘…　Ⅲ.①服饰美学　Ⅳ.①TS941.11

中国版本图书馆CIP数据核字（2017）第262184号

服 饰 搭 配 艺 术

秦　臻　刘江南　主编　　　责任编辑　汤礼广

出　版	合肥工业大学出版社	版　次	2017年10月第1版
地　址	合肥市屯溪路193号	印　次	2018年1月第1次印刷
邮　编	230009	开　本	889毫米×1194毫米　1/16
电　话	理工编辑部：0551-62903087	印　张	5.75
	市场营销部：0551-62903198	字　数	146千字
网　址	www.hfutpress.com.cn	印　刷	安徽联众印刷有限公司
E-mail	hfutpress@163.com	发　行	全国新华书店

ISBN 978-7-5650-3618-7　　　定价：42.00元

前　言

服饰搭配是人物形象设计中的重要内容，良好的服饰搭配能塑造鲜明的人物形象，掌握服饰搭配技巧不仅对专业的形象设计构建具有重要作用，而且对人们日常生活的着装美化同样具有积极意义。为了探索高等院校人物形象设计课程的标准化建设、规范服饰搭配艺术课程的教学内容、培养合格的服饰搭配设计人才，我们编写了这本供高等院校有关设计专业使用的“教”“学”“做”一体化教材。在编写过程中，我们严格遵循服饰搭配艺术课程教学大纲的要求，在内容组织及结构安排上，强化理论体系的同时，更突出实践操作性，目的是让学生掌握扎实的理论基础和熟练的动手能力，能迅速适应市场与社会发展的需要。

本书主要内容包括服饰搭配概论、服饰搭配设计原理、服饰搭配技巧、服饰品牌及风格定位等。全书围绕高等院校服饰搭配艺术课程教学大纲的要求，以具体案例形式，对服饰搭配的构成要素、服饰搭配设计美学规律、不同体型的服饰搭配方法、不同季节和不同场合的服饰搭配方法、服装品牌风格等内容进行了深入介绍与分析，力求做到理论与实践、传统与创新、流行与时尚紧密结合。为了达到良好的教学效果，本书不仅展示了大量原创的教学图片和优秀作品，而且还运用深入浅出、通俗易懂的表达方式，可让读者在较短的时间里了解服饰搭配理论知识和掌握服饰搭配技巧。

本书不仅适合高等院校人物形象设计、服装与服饰设计专业的学生作为教材使用，也可供形象设计培训机构的学员及其他对此感兴趣读者参考。若读者需要相关教学资料，可从合肥工业大学官方网站（www.hfutpress.com.cn）中搜索本书，然后在本书界面的“配套资源下载”里下载。

本书由湖南女子学院秦臻、山东工艺美术学院刘江南担任主编，由山东工艺美术学院杨奇军、湖南女子学院肖宇强担任副主编，参加编写的老师还有宁蓓蓓（湖南大众传媒职业技术学院）、桂晓沁（安徽艺术职业学院）、马雪梅（山东轻工职业学院）、熊雯婧（湖北科技职业学院）、葛玉珍（山东科技职业学院）、马莉（武汉信息传播职业技术学院）、夏雪敏（江苏城市职业学院）。

最后，向有关文献和图片被本书援引或参考的作者以及本书涉及的模特表示诚挚的感谢和深深的敬意。由于作者水平有限，书中难免存在疏漏之处，欢迎同行和读者批评指正。

编　者

2017年10月

目　录

第一章

服饰搭配概论

学习情境：多媒体教室。

学习方式：课堂理论讲授与作业辅导相结合，辅以幻灯、录像、图片等教学手段，引导学生对服饰搭配艺术有初步了解，掌握服饰的设计规律，为下一章节的教学打下基础。

学习目的：通过本章节的理论讲授和课题练习，使学生基本掌握服饰搭配设计的基础知识，能够独立分析优秀设计作品的设计方式和方法。

学习要求：（1）了解服饰的概念；

（2）明确服饰搭配在当今社会的重要性；

（3）了解服饰的构成要素；

（4）掌握服饰搭配的三大要素；

（5）掌握服饰搭配的特点；

（6）掌握服饰搭配的审美。

学习准备：（1）观看纪录片《历史长河·服饰篇》；

（2）观看纪录片《时尚风云录》。

第一节　服饰搭配艺术概述

一、服饰搭配的定义

服装是人类文化的一个组成部分，服装最初的诞生是源于人类生理的需要。众所周知，从猿到人的进化过程中，人类曾经历了一个重要的阶段，那就是人类大量体毛逐渐消失的过程。在这一过程中，气候仍然是冷暖交替，为了能生存，因此人类学会了用兽皮、树叶之类的自然材质来遮掩，这些遮掩物类似于当今社会的围裙。这个时期的“服装”具有最原始的三个功能：遮羞、保护、御寒。随着人类社会的进步，等级观念的产生，人类对服装又有了更高层次的追求，那就是“美化”，于是服装又有了装饰功能。这种“美化”，最初只是一种符号，它是阶级、身份、地位、财富的象征。进入现代社会后，服装的装饰功能从符号化向审美需要发展。服饰搭配是服装审美的基础。

那么什么是服饰搭配呢？

从广义上讲，服饰是衣服、鞋帽等装束的总称，是指一切可以用来装饰身体的物品。其服饰搭配是指个体着装时，上装与下装、里装与外装、衣服与装饰物等在材质、色彩、款式、风格等方面的组合关系。它除了服装款式本身设计外，还包括配件的设计，如对帽子、鞋、袜子、手套、首饰、腰带、胸花、背包、提包、太阳伞、发型、美容等方面的综合性考虑。通过这样整体的搭配组合，从而产生一种视觉冲击力，以达到着装者的穿着的目的（如图1-1-1、图1-1-2、图1-1-3、图1-1-4所示）。

图1-1-1　整体服饰搭配（1）

图1-1-2　整体服饰搭配（2）

图1-1-3　整体服饰搭配（3）

图1-1-4　整体服饰搭配（4）

从狭义上讲，服饰是指附着于服装之上或者以服装为主体进行搭配、修饰的装饰物的总称。其服饰搭配则是帽子、鞋、袜子、手套、首饰、腰带、胸花、背包、提包等单个服饰品的搭配设计（如图1–1–5、图1–1–6所示）。

图1–1–5　单个服饰品的搭配（1）

图1–1–6　单个服饰品的搭配（2）

二、 服饰搭配艺术的特点

服饰搭配艺术是科学技术和艺术审美相重合的焦点，它涉及美学、文化学、心理学、材料学、工程学、市场学、色彩学等要素。服饰搭配艺术是以服饰为对象，根据其功能性的需要，运用恰当的设计语言，对人体的着装状态进行创造性设计的行为。服饰是与人类生活休戚相关的物品，设计是其产生过程的第一步骤。虽然从服饰的原始状态开始，设计便包含其中，但是服饰设计的现实概念，则是在服饰进入了生产设计阶段之后，才被确立的。服饰的发展受各个时期的社会动向、时尚内容和风俗习惯等社会因素的影响，服饰也影响了人类社会的各个层面。归纳一下，服饰搭配艺术主要有以下几个特点：

（1）以人体为基础

服装常被人们称为人体的第二层皮肤，不论服饰搭配艺术的目的如何，服装都是以人体为依据进行设计的。在进行款式设计时，要求设计师以人体结构为依据。但是设计师在进行款式造型时并不是完全按照人体的外形进行覆盖就可以了。如在现代服装设计中，运动类服装会更多地考虑其功能性，将服装的运动功能发挥到最大；在成衣设计时，设计师也会运用廓形、装饰线条等设计手法，把人体的优点展现出来，把缺点掩藏起来（如图1–1–7、图1–1–8所示）。

服饰不是一般的视觉传达设计，而是以面料为媒介，以人体为支架向别人传达某种精神风貌。所以在服装界人们也常常把服装叫作面料的软雕塑。设计师在进行服装创作时，不能把自己限制成一个仅会纸面创作的绘画工作者，更多地要把设计放到三维空间中，肩部的造型、腰线的扭转、臀部的流线

图1–1–7　展现人体曲线的服饰搭配

图1–1–8　隐藏人体缺点的服饰搭配

型都要融合进设计之中，同时面料的悬垂、柔软、可塑性也极大丰富了设计表现手法。现代很多服装设计师都是服装软雕塑的高手(如图1-1-9、图1-1-10所示)。

图1-1-9　以面料进行造型的服饰搭配（Dior品牌）（1）

图1-1-10　以面料进行造型的服饰搭配（Dior品牌）（2）

人们常用“一道美丽的风景线”来形容都市中或者自然中着装恰当的人物。优秀的服饰搭配设计是设计师向他人传达自己设计理念、服饰审美的作品。每个设计师在设计作品时倾注的心血不亚于画家对自己绘画作品的投入。他们对每一件设计作品都要讲究构成的形式、色彩的搭配、比例的分割等，如伊夫·圣洛朗的蒙德里安系列服饰搭配 (如图1-1-11所示)。

（2）以社会为基础

从服饰的精神性方面考虑，服饰搭配艺术属于艺术设计的范畴。服装设计本身是为了美化生活、满足人类对于美的追求而进行的艺术创作。同其他艺术创作一样，服装设计也要符合最基本的美学原理，比如造型设计中点、线、面、体的统一，形式美原理中的对比、平衡、旋律、协调等的运用，以及从服装着装状态所体现出的情感色彩等，无不蕴含着艺术的感染力。

从服饰的物质性角度讲，服装设计以人为本，其主要目的是为了穿着，而且随着工业化程度的提高，现代的服装已经不是以前作坊手工生产，而是设计与现代工业技术结合的产物。所以现代服装设计和其他设计一样在造型和技术上有其工业适用性，除了少量以手工制作为特色的设计以外，不适合工业化生产的设计已经跟不上时代发展的潮流而被淘汰出局。比如2008年7月7日因受金融危机的影响，设计师克瑞斯汀·拉克鲁瓦在巴黎时装周做完最后一场高级定制后，宣布破产（如图1-1-12所示）。

图1-1-11　蒙德里安系列服饰搭配（伊夫·圣洛朗品牌）

图1-1-12　克瑞斯汀·拉克鲁瓦服饰设计

（3）以构成要素为基础

任何服饰搭配都是多种构成因素的综合，是服饰功能、服装材料和设计技法的统一，是实用性和审美性的高度统一。尤其在现代服装设计中，除了特殊作业服以外，服装的审美功能逐渐替代保护功能，其构成因素尤其是审美性因素也逐渐成为现代服装被社会认可的决定性因素（如图1-1-13、图1-1-14所示）。

图1-1-13 强调实用功能的服饰搭配

图1-1-14 强调审美功能的服饰搭配

三、服饰搭配的意义

服饰搭配在当今社会生活中有着重要的意义。

（1）体现社会地位

服饰是个体在日常生活中不可避免的生活要素，搭配不同的服饰，与一个人的经济地位、知识、技能、素质、修养等因素有着密不可分的关系。恰当的服饰搭配，体现出一个人对其社会地位的认知和对其社交圈的认可程度。同一个社交圈中生活的不同个体之间，因其工作环境、消费能力、生活方式等相同或相近，极易形成相同或相似的服饰搭配风格。

（2）是必要的社交手段

合理的服饰搭配是提升个人形象、改善社会生活、扩大社交范围的有效手段。合理的服饰搭配可以给他人和自己带来精神和情感的愉悦，提升个体的自信心，增进人们相互间的好感，在社会生活和人际交往中展现美的形象，它与语言、气质、行动力一起成为个人的形象名片，有效地扩大社交范围。社会个体的服饰搭配，体现了个体对社会生活的认可和期望，展现了他此刻的生活满意度及审美观和价值观；不同的服饰搭配方案可帮助社会个体含蓄或直接地表达出各种信息，是别人了解社会个体的第一扇窗。

在不同的社会生活和社交群体中，社会个体通常会选择不同风格的服饰搭配，或体现个体的独特性，或更好地与其他个体融洽交往。

（3）展示个性特色

服饰搭配的风格体现了社会个体的审美偏好及性格、爱好。社会个体选择不同服饰搭配的尝试是一种通过改变视觉效果，以追求达到个体审美标准的创造性活动。社会个体由于年龄、体型、肤色、气质、地域、教育、技能等诸多因素的不同，导致了审美观及性格、爱好上的差别，这些差别在服饰搭配上有着明显的体现。

社会个体在选择服饰搭配时会根据个体特征以及其所处时期、环境的不同，选择相应的服饰，在符合自己固定的社交圈的服饰搭配法则之下，选择适合自身的穿衣风格，展现自己的穿衣个性和特色。

第二节　服饰搭配的构成要素

服饰搭配作为一项复杂的设计活动，不仅要考虑其设计过程，还要考虑其设计实现。设计、材料、制作是服饰的三大构成要素，了解其基本理论和基础知识，是掌握服饰搭配艺术的基础。

一、设计

服饰搭配的设计主要包含款式造型和色彩两大部分。

（1）款式造型

款式造型是构成服饰的框架和样式，包括外轮廓的结构设计、内部线条设计和部件设计三个方面。

外轮廓的结构设计指设计师在三维立体空间下，对服装外结构进行塑形（如图1–2–1所示）。

内部线条设计涵盖了装饰线条和结构线条两个部分，是指在外部轮廓确定的基础上，用各种线条强化外轮廓塑形（如图1–2–2所示）。

部件设计分为功能性部件设计和装饰性部件设计，不同风格和不同功能对部件设计有不同要求。

图1–2–1　强调外轮廓设计的服饰搭配

图1–2–2　强调内部线条的服饰搭配

（2）色彩

色彩具有强烈的性格特征，具有表达各种感情的作用，经过不同配色的设计能增加服装款式的视觉冲击力，在不同场景下能展现不同的着装风貌（如图1–2–3、图1–2–4所示）。

图1–2–3　色彩情感活泼的服饰搭配

图1–2–4　色彩情感冷静的服饰搭配

二、材料

服饰的材料包含面料和辅料两大部分。

（1）面料

面料决定服装质地的外观效果。在商品市场的服装设计中，一般情况下是先有面料，进而根据面料进行设计的。面料不仅可以诠释服装的风格和特性，而且直接左右着服装的色彩、造型的表现效果。在进行服饰搭配设计时，根据任务要求，设计师应先思考衣料的内在物理特征和外观特征，从中获得启发，产生设计灵感。

一般服装面料分为梭织面料、针织面料两大系列。

梭织面料是由经、纬两组纱线垂直交织而成的，主要用于外衣和衬衣。

针织面料是一组纱线由织针等成圈机件使纱线形成线圈并互相串套而成的，主要用于内衣和运动系列服装。但由于科技的发展，针织布也向厚重、挺括发展，逐渐使针织内衣外化，针织面料也采用梭织做法，使之成为外衣的补充。

服装搭配设计师需要精通新型服装面料的物理性能、肌理效果及悬垂感、可塑性等，将面料的个性特征与服装的款式结构有机地融为一体，并在服装成型的过程中采用一些恰当的方法去解决两者之间的内在协调性和统一性问题（如图1-2-5所示）。

图1-2-5　皮革面料的服饰

图1-2-6　纱质面料的服饰

设计师还要对一些传统、民族、民间、原始的服装材料，以现代文化观念和设计观念进行再思考和再塑造，赋予这些材料以新的面貌，重新找到传统材料在现代服装中的位置（如图1-2-6所示）。

（2）辅料

辅料反映服装搭配的内在品质和服装在细节处理上的审美诉求。

高品质的服装设计需要完美的细节搭配，所以辅料的选择也是包含在服饰设计里的。高品质的辅料可以提升服装的耐穿性，同时，设计有特色的辅料，也增加了服饰品的质感（如图1-2-7、图1-2-8所示）。

三、制作

服饰的制作是服装从纸面效果图到完整成衣的重要过程。也是服装搭配必须了解的环节。每一个

图1-2-7　多种辅料搭配的服饰（1）

图1-2-8　多种辅料搭配的服饰（2）

设计师不一定都是一个从制版到制作的全才，但是掌握服装结构，了解服装制作工艺是每个设计师的必修课。

服装结构决定服装裁剪的合理性。设计师在进行款式平面绘制时，就需要对纸面上的每一笔负责，任何结构线、装饰线的绘制，后面都有服装制图工艺的支持。了解服装结构，可以更好地把握服饰搭配时不同人体形态对不同服装的需求(如图1-2-9所示)。而服装工艺是决定服装成品的加工质量以及影响服装搭配效果的重要因素，如针对需要简洁搭配的整体形象，就不宜选用过于复杂的工艺。

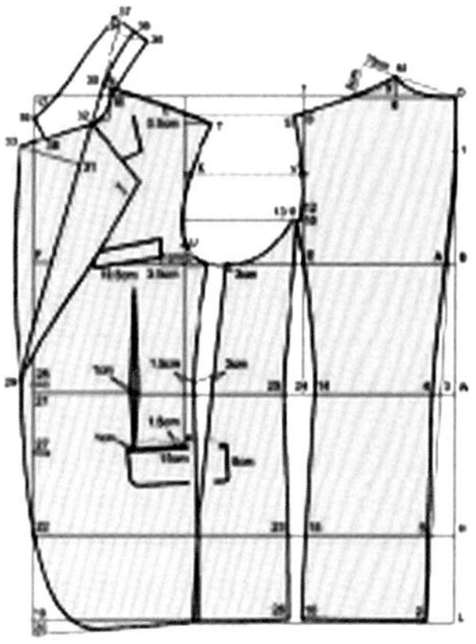

图1-2-9　服装制版图

四、服饰搭配的三大构成要素之间的关系

服饰搭配设计，是一种传达艺术，而非表现艺术，这一点与纯绘画有所不同，它是以消费者的需求为起点与中心，以产品的形式及商品的方式、过程为手段，以满足消费者的完美形象为最终目的。

服饰搭配艺术服务的对象是人，因此设计是以服装为基础，根据设计对象的要求进行构思，运用恰当的设计方法和表达方式，完成整个创造性行为的过程。设计对象的不同，作品设计优秀与否的标准也不同。有些设计以给企业带来最大的经济效益为优秀标准，有些以符合大赛组委会的设计理念为标准，有些以消费个体的定制要求为标准。但是不论设计目的为何，优秀的设计作品都能够达到设计、材料、制作的均衡。

服饰搭配的款式设计得再好，如果没有选择合适的面料、辅料，都是纸上谈兵。设计师在设计主题初步确定时，都会先寻找适合这一设计主题的面料，再根据面料的外观特点和物理性能进行下一步的设计。同时，有经验的服装设计师，在进行款式设计时，都会根据每一个款式细节考虑其后期的制版和制作工艺。

一件服装的款式设计得再好、面料选得再合适，如果工艺很差，服装成衣的效果终将难以被认同；或者服装的造型手段非常巧妙，但面料等达不到服装的功能性要求，同样不是好的设计。所以，服饰搭配三个要素之间的关系是相辅相成，缺一不可的。

第三节　服饰搭配设计基础

一、服饰搭配设计的条件

服饰搭配设计过程是一个考验设计师审美、经验和创意的综合过程。设计作品要符合一定的条件才称得上是合格的服饰搭配。设计师在设计服饰搭配时需要考虑以下五个条件：

（1）什么人穿（Who）

每个人不仅年龄、性别、体型、相貌不同，而且文化素质、艺术修养、兴趣爱好、社会地位、职业范围、经济能力以及生活的态度也都不一样，因此在设计服饰搭配时必须想好为谁设计或者为哪一类人做设计。

（2）什么时候穿（When）

关于什么时候穿的问题，要考虑两个因素：第一，考虑季节因素，按照春、夏、秋、冬四个季节设计不同的服饰搭配。这也是世界服装圈的通例，每年五大时装周都会定期举办春夏和秋冬的流行发布会。第二，按照每天不同时间段来区分，分为日装和晚装，相对来讲日装以工作装和休闲装为主，而晚装多指小礼服和晚礼服。

（3）什么地方穿（Where）

“什么地方”从大的方面讲，是指地理环境和人文环境因素，因为一般情况下不同地理环境和人文环境因素下生长的人从骨骼到穿衣习惯上都有很大不同；从小的方面讲，是指要考虑的场合，因为职场生活和休闲娱乐场景，人的着装搭配是完全不同的。

（4）穿什么服装（What）

在不同场景下穿什么样的服装都是约定俗成的。比如职场女性服装以套装为主，设计简练，少夸张和少装饰；再如婚纱设计以白色设计为主，传统意义上再婚才会选用粉色系。

（5）为什么穿（Why）

穿着目的不一样使得搭配手段不一样。有些人穿衣服是为了展示自己，其服饰搭配要以突出个性为主，造型色彩可以夸张；有些人是为了工作需要，其服饰搭配要显得冷静、干练，造型色彩宜精简、沉稳。

二、 服饰搭配的审美

在现代社会中，服饰是实用和审美共存的。从个人着装来看，服饰代表着一个人的精神气质、文化修养、经济实力、生活方式。从一个行业来讲，服饰则涵盖了一个国家的文化传承、艺术创新、科技进步和经济的发展水平。

作为创造服饰美的服饰搭配设计师，一方面要提高自己的美学修养、专业素质，另一方面也要把服装行业放入现代社会发展的大环境中，把审美和艺术创新与服装技术相结合，创作出既符合现代审美需求，又能兼顾经济效益的服饰设计作品。服饰搭配的审美主要体现在以下几个方面：

（1）服饰整体的和谐美

这是指除了服装款式设计本身以外，还包括配件的设计，如帽子、鞋、袜子、手套、首饰、腰带、胸花、背包、提包、太阳伞、发型、美容等方面的统一和谐。设计师在统一的设计主题下，将设计灵感源分解成若干设计元素，把这些设计元素分散在服饰上，从而达到在视觉上的统一和谐美。例如：Dior 2004春夏高级定制，John Galliano用时装语言讲述一段长达4000年的悠久历史，狮身人面像、埃及艳后、岩壁绘画、动植物崇拜、木乃伊等古埃及宗教文化的各种元素都用在服装中(如图1–3–1所示)。再如Dior 2001春夏高级成衣，John Galliano营造的是夏威夷花样女人的世界，各种花的颜色和造型被移植到各种裙子中，细节丰富，整体和谐统一(如图1–3–2所示)。

图1–3–1　Dior 2004春夏高级定制：埃及主题服饰

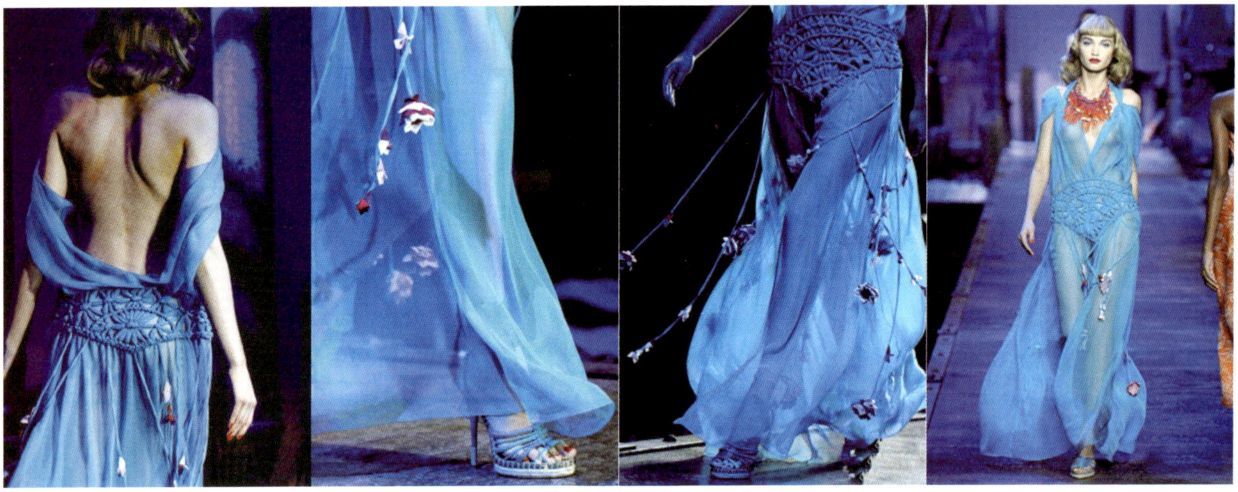

图1-3-2　Dior 2001春夏高级成衣：夏威夷主题服饰

（2）塑造人体美

服饰是人的外在美的表现形式，对人体起到烘托作用。一方面服饰是以人体为支点去创造美的造型，另一方面也是通过造型来美化人体，强调人体的肩、胸、腰、腿等部位的曲线和美感，充分显示人体的自然美(如图1-3-3、图1-3-4所示)。

图1-3-3　显示人体曲线美的服饰

图1-3-4　展示人体腿部线条的服饰

（3）造型主题美

造型美不仅仅是外结构线和内装饰线的设计，还包括设计灵感源的选择、设计对象形象的塑造以及设计师自身审美和思想感情的表达，同时包含了设计师对服装的功能性、材料搭配和工艺制作等各方面的考虑（如图1-3-5所示）。

图1-3-5　不同造型主题的服饰搭配

（4）外观色彩美

服饰的色彩美指构成服装的色彩在位置、面积、形状上有一种和谐的搭配关系。服饰搭配中的色彩美不是单独存在的，而是与款式、面料相结合的，只有这样才能产生与环境相协调的色彩美，营造出不同的着装气氛（如图1–3–6所示）。

图1–3–6 不同色彩外观的服饰搭配

（5）品质材料美

服饰材料是产生服饰搭配美的基础，没有饰装材料就没有服饰。材料美一方面是指以饰装材料为设计主体，展现服饰材质本身的外观美；另一方面是指选用合适的材质来表现人体美和服装造型美（如图1–3–7所示）。

图1–3–7 不同品质材料美的服饰搭配

（6）风格流行美

服饰搭配的美是和社会流行紧密结合的，社会的流行元素决定了这一时期的服装款式，这一时期的服装款式又展现了这一时期的审美意识。设计师需要从多方渠道感受流行元素，并用自己的专业知识，引导普通消费者的审美意识（如图1–3–8所示）。例如社会政治、经济的变化引起社会的怀旧风，同时这种怀旧风也会感染服装业，在短时期内会引起服装款式对经典服装样式的回顾。

图1–3–8　不同风格的服饰搭配

（7）制作工艺美

服饰的工艺美是由加工工艺变化带来的审美效果，是从技术手段上让审美锦上添花。从纯手工的绣、镶、缝等工艺，到机器加工线条、裁剪、分割等手法，均显现着人类的智慧和技巧之美（如图1–3–9所示）。

图1–3–9　不同制作工艺的服饰搭配

三、服饰搭配设计者的要求

学习服装搭配艺术，不单是为了装扮自己或者他人，更是为了用所学服装专业知识影响他人或者某一类人的生活方式。他人或者某一类人接受了设计师的服饰搭配设计方式和方法，就说明其在审美上与设计师是保持一致的；他人或者某一类人接受了设计师在各种社会环境下为其搭配设计的服饰，就说明其能够接受设计师对他们生活环境的预设。所以说服装搭配设计不仅是对服饰的设计，而且是对他人生活方式的设计。

由此可见，一个设计师不仅需要服装专业知识结构，还需要艺术创作能力。因此，对服饰搭配设计者提出以下具体要求：

（1）有对外界强烈敏锐的感受能力

设计师需要对外界有着强烈敏锐的感受能力，才能快速敏锐地感受到各种设计元素或者流行的各种社会现象，从中获得对服饰搭配艺术有用的各种信息，以此为设计灵感源，开展服饰搭配设计。

下面以CHRISTIAN DIOR 2011春夏女装设计为例。设计师约翰·加利亚诺（John Galliano）于2010年10月在巴黎时装周发布了以音乐剧《南太平洋》（South Pacific）、电影《On the Waterfront》、《Querelle》为灵感源的CHRISTIAN DIOR 2011春夏女装。音乐剧《南太平洋》是1949年4月7日首演于百老汇的美国音乐剧，1950年荣获包含普利策奖在内的几乎所有音乐戏剧奖，是历史上仅有的八部获普利策戏剧奖的音乐剧之一（如图1-3-10、图1-3-11所示）。

图1-3-10 音乐剧《南太平洋》海报

图1-3-11 音乐剧《南太平洋》剧照

以此为灵感源，John Galliano将Dior演绎得活泼轻松。在开场系列中充满着度假“男友风”，做工精致的水手外套，搭配充满热带风情连身裙裤，头戴俏皮水手帽，使人物形象显得清新、帅气、自然（如图1-3-12所示）。

在秀场后期，服装色彩越来越绚丽，把南太平洋海底的各种水生物演绎在服装中，使人物形象艳丽夺目（如图1-3-13所示）。

这种对外界流行元素的敏感性，对某些有才华的设计师来说似乎是天生的，但大部分设计师都需要经过长期专业的训练才能获得。

（2）有发明创新的能力

设计师要有创新精神，要学会在自身专业基础和美学底蕴下能够借助敏锐的感受力创作出新的服饰搭配方式和新的服装样式。当然，这需要一个不

图1-3-12 《南太平洋》主题服饰设计（Dior品牌）（1）

断积累的过程，并不是设计出人们没见过的服装搭配样式就是一种有创新能力的体现，因为创新还需要被普遍价值观所接受，能给人以美的享受和流行观念的更新。只有经过无数次的设计训练和市场实践才能拥有发明创新的能力。

（3）有较高的美学鉴赏能力

美的感悟对设计师来讲是非常重要的，一个在狭窄空间里闷头搞创作的设计师，很难有好的提升空间。只有在敏锐感受力的实际培训中，才能了解到所有艺术形式都能成为服饰搭配艺术的灵感源。世界著名服装设计师的成长经历告诉我们，热爱生活，游弋于世界各地美术馆、博物馆，流连于各种艺术场所是提高设计师美学鉴赏能力的必要条件。

图1-3-13 《南太平洋》主题服饰设计（Dior品牌）（2）

（4）有设计构想的表达能力

有好的设计理念，没有好的纸面表现能力，一切都不可能实现，这就是为什么服装设计类院校在招收学生时要进行素描、色彩、速写等专业考试的原因。不能准确画出服装结构和设计细节，服装制版师无法完成设计；不能用绘画技法表现出服装面料的悬垂性和厚薄程度，在面料选择时就会出现误差。所以设计构想的表达能力也是设计师的基本技能。

（5）有全面的专业知识结构

要成为优秀的服装设计师，必须掌握以下基础知识和专业知识。

艺术修养基础：美术史、音乐史、舞蹈史、建筑史、文学、艺术、影视、音乐、设计、哲学等。

美术设计基础：人体素描、色彩、计算机辅助设计、摄影、服饰图案等。

服装理论基础：服装史、服装概论、美学、艺术概论等。

服装设计基础：服装画、市场调研、服装CAD、人体功效学、服饰心理学、服装社会学、服装文化学、市场学、服装流行学等。

服装设计学知识：服装面料设计、款式设计、结构设计、色彩设计、配件设计、展示设计、服装材料学、服装卫生学、服装整理学、服装工程学、服装工艺设计、成衣工业纸样、成衣工艺学、服装机械与设备、服装经济学、服装生产与管理学、服装消费管理学、服装营销学、服装商品企划学、服装展示艺术学等。

作业

作业1：寻找市场上某一流行品牌的设计单品图片、某一院校优秀毕业设计作品图片、某一设计师高级定制的单品图片各一份，分析款式结构、面料材质、制版工艺特点。

要求：图片+文字分析，A4卡纸装裱。

作业2：观看电影《杜拉拉升职记》，分析不同场景下，电影角色着装的特点。

要求：角色图片+文字分析，A4卡纸装裱。

作业3：寻找10款世界设计大师或者著名设计品牌的设计作品，分别从服装的不同审美角度进行分析。

要求：角色图片+文字分析，A4卡纸装裱。

第二章

服饰搭配设计原理

学习情境：多媒体教室。

学习方式：课堂理论讲授与作业辅导相结合，辅以幻灯、录像、图片等教学手段，引导学生了解服饰搭配的设计构思方法、形式美法则和造型元素的应用。

学习目的：通过本章节的理论讲授和课题练习，使学生基本掌握服饰设计的造型因素、形式美法则等原理并能运用这些原理进行服装的款式设计和服饰搭配设计。

学习要求：（1）理解服饰搭配设计的构思原则并能灵活运用；

（2）掌握服饰搭配设计的美学规律；

（3）识别并能运用服饰搭配设计中的点、线、面、体；

（4）掌握服饰搭配中的造型设计原则；

（5）掌握并能灵活运用服饰搭配中的廓型设计的方法；

（6）掌握并能灵活运用服饰搭配中的色彩设计的方法。

学习准备：（1）观看电影《罗马假日》；

（2）观看电影《布达佩斯大饭店》。

第一节　服饰搭配设计构思

设计构思是一个综合抽象的概念，收集设计素材，提取设计灵感，对点、线、面的各种形态进行思考和组合，选择合适的实现材质，这些都是设计构思的一部分。服饰搭配的设计，需要设计师通过自身的美学素养和设计经验，对服饰搭配的造型、色彩、材质进行综合的判断与运用，充分发挥自己的审美力和想象力，将设计理念准确传达出去。

一、服饰搭配设计构思原则

设计是对生活中的美好事物的敏锐捕捉和对真情实感的细心体验，只有以生活为设计灵感的源泉，设计者的情思意趣才能与消费者产生共鸣。设计构思是一系列的思维活动，而这种思维活动的形成，起源于某一事物或情绪所触发的设计灵感。大千世界为服饰搭配设计提供了无限的素材，自然界的花鸟虫鱼、高山流水，文艺领域的美术舞蹈、音乐诗歌，社会生活中的风土人情、民族文化都是设计者灵感的来源。

服饰整体搭配是指服装、服饰品以及着装者形成的统一、完整的视觉形象。服装与服饰品的结合为人们在装饰审美、生活礼仪、展现自我等方面提供了巨大的帮助。在人的整体服饰形象中，服装起着主导作用，奠定整体着装风格。饰品处于从属地位，弥补服装的不足，强化服装的整体风格。在服饰整体搭配中，要注意两者的地位属性，不使用饰品，会使得整体搭配黯然失色，而过分强调服饰品会导致视觉和心理感的失衡，影响整体搭配效果。总体来说，服饰整体搭配要符合以下原则。

（1）视觉整体美原则

服饰整体搭配塑造的是人物的视觉形象，它需要与着装者的身材、容貌、气质、文化等融为一体，突出人物的整体感觉。英国哲学家培根说过：“美不在部分，而在整体。”整体美是一切视觉形象塑造的准则。服饰品在服饰整体搭配中，既不能过分突出，也不能黯淡无光，而应该强化服饰语言，使之起到画龙点睛的作用。如Gucci品牌利用夸张的太阳眼镜、与服装同色系的头巾及繁复的颈部饰品，做到与人物服装相呼应，强调并突出了服饰整体的复古风格（如图2-1-1所示）。

图2-1-1　服饰品强化整体风格

图2-1-2　利用高筒靴拉长腿部线条

同时，服饰品在服饰整体搭配中还应该起到对着装者扬长避短的作用。在进行服饰整体搭配时，要注意着装者人物的肤色，人体的比例和人物的形象气质。如着装者肤色较黄时，不应佩戴紫色的服饰品，因为对比色会使人物肤色显得更黄。着装者若需要强调自己身体某部分时，可以在此部分佩戴闪亮耀眼的服饰品以起到集中视觉的效果（如图2-1-2所示）。

（2）场合和谐原则

服饰品不仅要与不同的服装和着装者搭配，而同一着装者在不同场合环境中所搭配的服饰品也不尽相同。每个人都有着不同的社会角色，而这些社会角色所反映出的心理需求直接影响服饰品的选择。除了特殊工种以外，人们在上班时要求展现出精明干练的形象，选择的服饰品一般以简洁实用为主。在运动健身时，服饰品一般为配合所进行的运动项目，强调其舒适性和功能性。而参加聚餐宴会时，服饰品的选择又会倾向于精致高雅。如Johanna Ortiz品牌，利用精致繁复的耳饰与整体服装相搭配，浪漫高雅，适合高雅的宴会场合（如图2-1-3所示）。Elie Saab品牌干练的裙装搭配中筒靴、金属感腰带及简约的包袋，适合都市工作场合（如图2-1-4所示）。Vaness Seward品牌的棕色皮革腰带、鞋履以及编织包袋搭配，适合休闲郊游（如图2-1-5所示）。

图2-1-3 适合宴会场合的服饰整体搭配

图2-1-4 适合工作场合的服饰整体搭配

图2-1-5 适合休闲场合的服饰整体搭配

同时，在进行服饰品整体搭配时还应注意，即使是同一类型的场合，也因为其主题不同而所需要进行的整体搭配也不同。如同样是宴会场合，严肃正规的商业宴会和活泼自由的私人宴会由于其主题的差异，所需要的搭配不尽相同。商业宴会宜配合服装搭配简洁贵重的服饰品，色彩选用与服装颜色相同或者相近色（如图2-1-6所示）。私人聚会可以搭配活泼跳跃的服饰品，服饰品造型可以幽默有趣，色彩可以与服装形成对比色，以丰富视觉效果（如图2-1-7所示）。

图2-1-6 适合高雅宴会的服饰整体搭配（Elie Saab品牌）

图2-1-7 适合私人聚会的服饰整体搭配（Kenzo品牌）

（3）突出个性原则

不论是服装还是服饰品，其服务对象都是着装者，而着装者由于其年龄、地域、受教育程度、爱好、气质类型的不同而具有独特的个性，每个着装者在其价值观及审美方面也有很大的区别。随着社会的发展，不同个性的着装者往往希望通过不同的着装来显示其观点及性格。不同个性的服饰品整体搭配也成为着装者所属社会阶层的标志代表。比如年轻人更追求时尚新颖的设计，而年长者往往更注重品质与实用性（如图2-1-8、图2-1-9所示）。

即是在同一年龄阶段或社会阶层，人们的性格依然各不相同。有的人性格外向，喜欢轻松活泼的运动风格；有的人思想超前，喜欢前卫奇特的未来主义；有的人性格温婉，钟情于清新舒适的自然风情。人们的这些不同个性都可以通过服饰品的整体搭配凸显出来。如喜欢运动风格的着装者，其服装以舒适为主，搭配的服饰品颜色活泼，造型轻松，注重服饰品的功能性，如双肩背包、智能运动手环等（如图2-1-10所示）；热爱民族风情的着装者，其服装一般以具有民族特色的服装为主，服饰品同样选用该风格饰品，颜色绚丽，但可以结合现代风格设计得较为简洁，与服装相呼应的同时避免过于复杂而喧宾夺主，混淆视觉中心（如图2-1-11所示）。

图2-1-8　突出年轻个性的服饰整体搭配

图2-1-9　突出成熟个性的服饰整体搭配

图2-1-10　突出运动个性的服饰整体搭配

图2-1-11　突出民族风情的服饰整体搭配

（4）细节精致原则

在服装与服饰品共同构成的整体中，服装在面积上、视觉效果及心理效应上都处于主体地位，而服饰品相对使用面积较小，处于从属地位。所以，对于服饰整体搭配来说，服饰品本身就是细节部分。服饰整体搭配不仅要做到大的视觉效果和谐美观，也应该注意细节精致耐看。特别是当服装色彩或者款式较为单一，服饰品成为视觉中心时，服饰品细节精致显得尤为重要（如图2-1-12所示）。

此外，还可以依据服装的细节，由此来选择服饰品。如当服装有花纹、特殊造型、特殊装饰材料或者装饰手法时，可以使用具有相同花纹、造型、材料和装饰手法的服饰品进行点缀，使得服装与服饰品互相呼应，相辅相成，体现设计者的精巧用心（如图2-1-13所示）。

图2-1-12　突出服饰品细节的服饰整体搭配

图2-1-13　服饰品细节与服装相呼应的服饰整体搭配

二、服饰搭配设计构思方法

服饰搭配设计需要设计师针对目标消费群体进行一系列的设计思维活动。而运用这些设计思维活动进行服饰搭配设计时需要遵循一系列的美学规律和色彩规律，这是服饰品设计符合大众审美的有效保障。同时，服饰搭配设计需要不断创新以符合时代审美的变迁，设计者需要培养创新思维，并将其合理运用于服饰品设计之中。接下来主要介绍几种服饰搭配设计的构思方法，使设计者在进行设计构思时能够有的放矢。

（1）仿生联想设计法

仿生设计法，是指在设计过程中，有选择地应用自然界万事万物的“形”“色”“音”“功能”“结构”等特征原理进行设计的方法。自古以来，自然界就是人类各种科学技术原理及重大发明的源泉。生物界有着种类繁多的动植物及物质存在，作为人类的“邻居”，这些生物各种各样的奇异本领，吸引着人们去想象和模仿。仿生的范围很广泛，包括动物、植物、微生物等，在仿生设计的过程中，并不是一味地抄袭和照搬生物的原有形态，而是对生物形态进行提炼、归纳和总结，强调生物外部形态美感特征与人类审美需求的统一。

图2-1-14　动物仿生设计的服饰搭配（Alexander McQueen品牌）

服饰搭配设计的仿生是指在服装设计构思时，模拟自然界生物的一种造型方法。可以模拟生物的全部，也可以模拟生物的一部分，侧重于形、色、神、质，通过服装语言使之异质同化。如Alexander McQueen 2008春夏时装，处处可见“鸟”的影子，是对“鸟”的仿生联想设计(如图2-1-14所示)。

图2-1-15　色彩仿生设计的服饰搭配

另外，还可以对自然界进行色彩仿生，将自然界变化莫测、充满魅力的色彩用精妙的服装工艺展现在服装上(如图2-1-15所示)。或者是对质地肌理进行仿生，树皮、泥土、岩石以及动物皮毛都是很好的仿生设计元素（如图2-1-16所示）。

图2-1-16　质地肌理仿生设计的服饰搭配

（2）经典借鉴法

进行服装搭配设计要经常查阅资料，要借鉴前人的成功之作，虚心地学习和研究前人的成就和经验，要从优秀的作品中吸取营养和设计灵感，要学会吸取、创新。经典借鉴法并不是简单地抄袭，而是需要设计师结合当今的审美倾向和具体人物，对经典作品进行合适地修改和再造。如Dior品牌，在2008年推出的秋冬高级定制，就借鉴了本品牌1954年的经典服装整体搭配轮廓，再进行改造，使其散发出新的美感（如图2-1-17、图2-1-18所示）。

图2-1-17　Dior 1954年经典廓形

图2-1-18　Dior 2008年秋冬高级定制

图2-1-19　黑白流苏元素的经典形象

图2-1-20　黑白流苏元素的再设计

除了借鉴整体轮廓外，还可以对服饰搭配的某一元素进行借鉴，以求延续该闪光点创造不同的视觉形象。如同为黑白流苏设计，相同的设计元素却用不同的设计手法，会给人不同的设计冲击力（如图2–1–19、图2–1–20所示）。

（3）艺术启发法

人类在感受自然、超越自然的过程中充分发挥主观能动性，创造了许多的艺术种类，这些艺术都可以成为服饰搭配设计灵感的源泉。作为造型艺术之一的服饰搭配设计，无论在款式设计上，还是在色彩设计上都可以借鉴其他艺术。这些艺术包括建筑、绘画、雕塑、音乐、文学、电影、戏剧、摄影及其他工艺美术。如中国传统建筑艺术的美展现在服饰搭配设计中，并不是对中国传统建筑设计的照搬，而是通过发型、服装、饰品的轮廓或者构成方法，来阐述中国传统建筑的审美方式(如图2–1–21所示)。

著名时装品牌设计师马克·雅可布（Marc Jacobs），也受建筑启发而设计过系列服饰（如图2–1–22所示），其灵感来源于艺术家Daniel Buren为巴黎皇家宫殿设计的著名建筑Les DeuxPlateaux。同样，Dior 2004年秋冬高级定制以埃及的法老、金字塔、木乃伊等作为灵感源（如图2–1–23所示）。

除了建筑，绘画也是服饰搭配设计师常常寻找灵感的来源之一，如图2–1–24所示即以荷兰画家凡·高的《向日葵》为灵感源的整体服饰设计。

图2–1–21　受中国传统建筑启发的服饰搭配设计

图2–1–22　受著名建筑Les DeuxPlateaux启发的服饰搭配设计

图2-1-23　受埃及文化启发的服饰搭配设计

图2-1-24　受《向日葵》启发的服饰搭配设计

图2-1-25　撷取不同地域文化的服饰搭配设计

图2-1-26　衣服局部不完整的服饰搭配设计

图2-1-27　胸领与后领替换的服饰搭配设计

图2-1-28　缝分、毛边在外的服饰搭配设计

图2-1-29　男装女性化的服饰搭配设计

（4）文化攫取法

随着社会的发展、历史的变迁，人类在社会生活中形成了不同的风土人情、民族文化。历史的博大精深能给人以丰富的联想，这些设计元素是超越时空与地域限制的，以现代设计的目光去探索民族历史文化，可以为服饰搭配设计提供丰富的素材。人类社会中存在着许多不同民族，由于地理、文化、信仰、语言、风俗等方面的差异，形成了各种服饰文化，这些服饰文化成为服饰搭配设计重要的灵感源（如图2–1–25所示）。

（5）逆向思维法

逆向思维，也称反向思维，是指在人们习惯的思维中，自觉地消除心理上的惰性，反转过来思考问题的方法。服饰搭配设计的逆向思维，主要是要突破人们现有的对服饰搭配的固有观念。比如，可以对服装进行不对称设计，使得衣服的局部不完整，以追求新的视觉形象（如图2–1–26所示）；或前胸、前领的造型与后背、后领的替换（如图2–1–27所示）；或突破既有的服饰必须规整的概念，将服饰的缝分、毛边放在外面（如图2–1–28所示）；或女装男性化、男装女性化（如图2–1–29所示）。

在服饰搭配的材料选择和设计中，也可以用到逆向思维，如将牛仔作为礼服、报纸作实用装，服装衣料的里外反转运用，对服饰品进行水洗、砂洗、石磨的“作旧整理”，天然皮革染色处理，乃至将非常规的服饰面料运用于服饰搭配之中（如图2–1–30所示）。

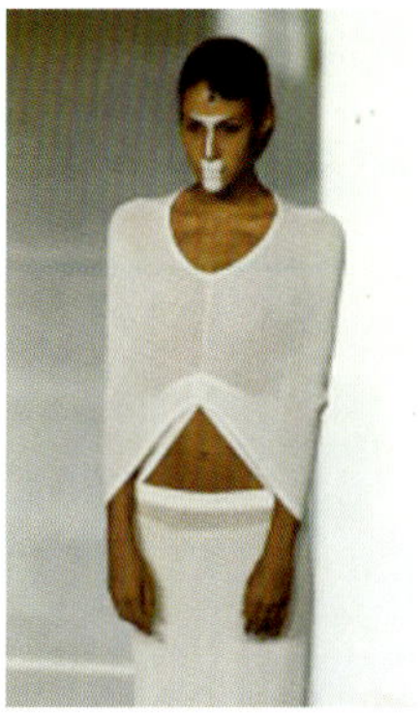

图2–1–30 非常规面料的服饰搭配

第二节　服饰搭配设计美学规律

点、线、面、体，是美术造型最基本的形式元素，也是服装设计师通过各种布局组成服饰形象，以此传达设计意图的造型依据。

点具有大小不同的面积或体积，在平面上的点，由于大小、位置的不同，可以使人产生不同的视觉感受，给人以不同的情绪感染。

线是塑造服装外轮廓和内部装饰的结构线。由于线在平面设计中能够传达一种情感和心理，所以在服装搭配设计中，作为状物的线也是设计师重点设计的环节。

面在平面设计中，比点、线更显示出具体的形，所以谈面时实际上讲的是形，各种几何形给人以不同的视觉感受，这也就是服装廓形中的A型、H型、T型等。

体即体积，与点、线、面相比，体更具有充实感、量感。大的体积，给人以雄伟、沉重等感觉；小的体积，给人以灵巧、轻松的感觉。在服装搭配设计中靠这种体积的变化来丰富设计的层次。

一、服饰搭配中的点

点是服装设计中最小的设计元素，指服装造型中突出诱导视线、体积比较小的部分。

（1）点的形状

点可以是作为纽扣、肩扣、袖口、腰扣的几何形状，也可以是作为胸针、领结等装饰物的任意形状，在整体服装平面造型时，起到引领视觉，突出装饰效果的作用(如图2–2–1、图2–2–2、图2–2–3所示)。

（2）点的位置

点元素在款式设计时，可以作为最精彩的亮点装饰在局部，也可以按照点的大小、疏密、虚实关系，大面积地使用点作为装饰（如图2-2-4、图2-2-5所示）。

（3）点的装饰作用

点在服装搭配的中心位置时，可以起到凝聚视线的焦点作用，并产生产生扩张感。当多个点聚集时，通过区分点的大小和颜色，可以增加服饰整体的层次感（如图2-2-6、图2-2-7所示）。

图2-2-1 领结作为“点”出现在服饰搭配中

图2-2-2 纽扣作为“点”出现在服饰搭配中

图2-2-3 胸针作为“点”出现在服饰搭配中

图2-2-4 作为亮点的“点”

图2-2-5 大面积使用的“点”

图2-2-6 聚焦视线的“点”

图2-2-7 增加层次的“点”

点在款式搭配设计时，可以按照大小、形状、虚实的变化，分布在服装各个位置，可产生不稳定感、游移感等视觉感受（如图2-2-8、图2-2-9所示）。

点有规律地竖直排列能使服装产生直向拉伸的视错觉，可以在服饰搭配时修饰着装者的身形，增加着装者的苗条感（如图2-2-10、图2-2-11所示）。

数目较多、大小不等的点在服装中作渐变的排列可产生立体感和视错感，拉长人体比例（如图2-2-12、图2-2-13所示）。

大小不同的点有秩序地在服装款式上排列可产生节奏感、韵律感。增加着装者的视觉情绪，如颜色和排列舒缓的点可以使得服饰整体呈现出轻柔、梦幻的感觉，而色差大、醒目的点可以使得服饰整体搭配呈现出活泼、搞怪的视觉情绪（如图2-2-14、图2-2-15所示）。

图2-2-8　产生不稳定感的“点”

图2-2-9　产生游离感的“点”

图2-2-10　增加苗条感的“点”

图2-2-11　修饰身形的“点”

图2-2-12　增加立体感的“点”

图2-2-13　拉长人体比例的“点”

图2-2-14　情绪舒缓的“点”

图2-2-15　情绪活泼搞怪的“点”

图2-2-16　以纽扣为应用方式的“点”

图2-2-17　以手工线迹为应用方式的“点”

图2-2-18　以亮片为应用方式的“点”

图2-2-19　以绣花为应用方式的“点”

（4）点在服饰搭配中的应用

点在服饰搭配中的应用形式多样，如以纽扣、亮片、米珠、手工线迹这些辅料作为设计点，对服装款式起到功能和装饰的作用（如图2–2–16、图2–2–17、图2–2–18、图2–2–19所示）。

另外，在饰品领域，以胸花、领结、丝巾扣、蝴蝶结、头饰、立体花等饰品作为设计的点，对服装起到装饰作用，以此丰富和美化服饰整体搭配，起到点睛的作用（如图2–2–20、图2–2–21、图2–2–22所示）。

另外，点还作为服装本身的一个元素出现，如以印有点图案的服装面料来增强视觉冲击力，或者塑造点的形状作为服装的款式造型设计的元素（如图2–2–23、图2–2–24所示）。

图2–2–20　领结和头饰作为服饰搭配中的“点”

图2–2–21　胸花作为服饰搭配中的“点”

图2–2–22　腰饰作为服饰搭配中的“点”

图2–2–23　服装面料中“点”的运用

图2–2–24　“点”作为服装造型元素

二、服饰搭配中的线

在几何学上线是指一个点任意移动时留下的轨迹，点的移动轨道构成线。

几何学上的线有位置、长度及方向的变化，没有宽度和深度。但是造型设计中的线可以有宽度、面积和厚度，还会有不同的形状、色彩和质感，是立体的线。线本身是没有感情和性格的，但造型艺术中的线加入了人的感情和联想，线便产生了性格和情感倾向。线也是构成形式美的不可缺少的一部分，线的组合可产生节奏，线的运用可产生丰富变化和视错感，可以通过分割强调比例，可以通过排列产生平衡。

（1）线的形状

线分为直线和曲线两大类。直线有垂直线、水平线、斜线、放射线和交叉线等；曲线有波纹线、弧线、抛物线等。在设计过程中，巧妙改变线的长度、粗细、浓淡等比例关系，将产生出丰富多彩的构成形态（如图2–2–25、图2–2–26所示）。

图2–2–25　服饰搭配中的直线

图2–2–26　服饰搭配中的曲线

（2）线的位置

服饰搭配的形态美的构成，无处不显露出线的创造力和表现力。线可以作为外轮廓线存在，也可以作为主要装饰元素存在于服饰设计中，它可以作为一个装饰局部，也可以在服饰上大面积使用，利用人们的视觉错觉达到视觉上的美感（如图2–2–27、图2–2–28所示）。

（3）线的装饰作用

在服饰搭配中，线起到非常重要的作用，如服装的外轮廓造型线，几个典型的外廓型“A”“H”“O”“V”等造型特征都是以外造型线的变化来显现的，造型线条是构成服装整体的外形特征形式，也是影响服饰搭配及形象塑造的重要因素（如图2–2–29所示）。

线还可以作为分割线、省道线、褶裥线等出现在服饰搭配中，既起到功能作用，又有装饰作用。线的长短、粗细、位置变化还可起到美化人体、增加服饰视觉冲击力的作用（如图2–2–30、图2–2–31所示）。

图2–2–27　作为装饰作用的“线”

图2–2–28　作为强调廓形的“线”

在服饰搭配中，不同的线起到的视觉作用是不一样的。直线和曲线可以单一作为一种装饰线条起到美化作用。水平线平静安定，充满视觉张力；曲线柔和圆润，给人浪漫活泼感；斜向直线具有视觉发散力（如图2–2–32、图2–2–33所示）。

（4）线在服饰搭配中的运用

线在服饰搭配中的运用主要出现在服装当中，如外造型线和内结构线等自然形成的线（如图2–2–34、图2–2–35所示）。

另外，嵌线、褶裥、镶拼等工艺手法设计出的装饰线也是线元素出现在服饰搭配中的重要途径（如图2–2–36、图2–2–37、图2–2–38、图2–2–39所示）。

图2–2–29　塑造整体轮廓的“线”

图2–2–30　作为分割出现的“线”

图2–2–31　作为褶皱出现的“线”

图2–2–32　裙摆呈现柔和的“曲线”

图2–2–33　裤脚呈现率直的“直线”

图2–2–34　服装外部造型与内部结构相呼应的“线”

图2–2–35　服装外部造型与内部结构变化的“线”

图2–2–36　以镶拼方式出现的“线”

图2–2–37　以褶裥方式出现的“线”

图2–2–38　以拼贴方式出现的“线”

线在服饰搭配中出现的载体也是多样的，如以流苏、色带、绳线等方式出现，或者以腰带等其他服饰品的形式作为装饰用辅助材料（如图2-2-40、图2-2-41、图2-2-42、图2-2-43所示）。

图2-2-39　以嵌线方式出现的“线”

图2-2-40　以流苏为载体出现的“线”

图2-2-41　以花边为载体出现的“线”

图2-2-42　以领饰为载体出现的“线”

图2-2-43　以腰带为载体出现的“线”

线条通过变形，还可以形成各种图案，在服饰搭配中起到修饰身形，美化视觉感受的作用。如以条形直线、交叉线、放射线或者弯曲波浪线为图案的各种服装来改变人的视觉感受（如图2-2-44、图2-2-45、图2-2-46、图2-2-47所示）。

图2-2-44　以直线拉长腿部线条的服饰搭配

图2-2-45　以放射线修饰身形的服饰搭配

图2-2-46　以放射线增加服饰层次的服饰搭配

图2-2-47　以交叉线改变视觉感受的服饰搭配

三、服饰搭配中的面

面是线的运动轨迹，是有一定广度的二次元空间。在几何学里，面可以无限延伸，但却不可以描绘和制作出来。在服饰搭配艺术中，面可以有厚度、色彩和质感，是比“点”感觉大、比“线”感觉宽的形体。服饰搭配艺术中的面是可以制作出来的，且是相对而言的。

（1）面的形状

面可根据线构成的形态分为方形、圆形、三角形、多边形以及不规则偶然形等，不同的面所给人的视觉感受不同。

直线形的面：长方形、正方形和三角形是称作直线形的面。直线形的面具有明确、简洁、秩序性的特点。

曲线形的面：圆形、椭圆形等形态是称作曲线形的面。圆是最单纯的曲线围成的面，在平面形态中极具静止感。

随意形的面：由自由曲线圈出的面就是随意形的面。随意形的面随意、自如、充满情趣。

（2）面的位置

在服装中轮廓及结构线和装饰线对服装的不同分割产生了不同形状的面，同时面的分割组合、重叠、交叉所呈现的平面又会产生出不同形状的面，面的形状千变万化。面在服饰搭配艺术中有大小、虚实、材质的变化，通常通过与其他空间形体进行对比，确定其存在形态（如图2-2-48、图2-2-49所示）。

（3）面的装饰作用

通过面与面的分割组合，即不同面积、不同形状、不同质地的面在服装款式上进行分割组合，利用视错觉，弥补人体的局部不足，或者强调突出人体的某一部分（如图2-2-50、图2-2-51所示）。

图2-2-48　服装上通过不同材质展现的“面”

图2-2-49　服饰搭配中颜色、大小不同的“面”

图2-2-50　服饰搭配中利用面的分割修饰身形

图2-2-51　服饰搭配中利用面的错视修饰身形

面与面的重叠和旋转会形成新的面，这些带有透视色彩的重叠的面在服装搭配中可以起到丰富视觉美感、修饰身形、强调整体搭配情感的作用（如图2-2-52、图2-2-53所示）。

（4）面在服饰搭配中的运用

在服饰搭配中，不同大小的衣片无规则或者有规则排列组合，会加强服装的层次（如图2-2-54、图2-2-55所示）。

图2-2-52　面的旋转丰富服装的层次

图2-2-53　面的重叠强调服饰的浪漫感

图2-2-54　裙摆组成的有规律的“面”

图2-2-55　衣片组成的无规律的“面”

在服饰搭配设计中，利用不同厚薄的面料、不同材质的面辅料或面料的肌理效果来进行面的组合，会丰富服饰的设计手法，丰富人的视觉观感（如图2-2-56所示）。

在服饰搭配过程中，面的运用载体非常广泛，可以用比较有体积感的面作为服饰品，如披肩、包、帽子夸张的局部设计等（如图2-2-57、图2-2-58、图2-2-59、图2-2-60所示）。

在服饰搭配中，还应注意图案或者色彩所形成的面，如大面积装饰图案，而且图案所形成的面，往往会成为一套服饰搭配的特色，形成视觉中心（如图2-2-61、图2-2-62所示）。

图2-2-56　不同材质面料组成的“面”

图2-2-57　以帽子为载体出现的“面”

图2-2-58　以手包为载体出现的“面”

图2-2-59　以披肩为载体出现的“面”

图2-2-60　以围巾为载体出现的“面”

图2-2-61　装饰色彩形成的“面”

图2-2-62　装饰图案形成的“面”

四、服饰搭配中的体

体是由面与面的组合而构成的，具有三维空间的概念。不同形态的体具有不同的个性，同时从不同的角度观察，体也将表现出不同的视觉形态。

服装搭配设计师在设计之初就要确立体的观念，在布局每一个款式细节时，都要有一个参照物，想象这一细节在三维立体空间下，随着人的走动和各种行为动作，平面的结构会有如何的变化。

（1）体的形状

一方面服装的设计要符合人体的形态以及运动时人体的变化的需要，另一方面通过对体的创意性设计也能使服装别具风格。所以体的塑造一方面要以人体为依据，对局部进行夸张或者特殊造型，展现人体的美。另一方面是把服装当作软雕塑，设计师把心目中最美的造型塑造出来（如图2-2-63、图2-2-64、图2-2-65、图2-2-66所示）。

图2-2-63　服饰搭配中如雕塑般展现的“体”

图2-2-64　服饰搭配中展现人体美的“体”

图2-2-65　服饰搭配中夸张人体曲线的“体”

图2-2-66　服饰搭配中展现创意理念的“体”

（2）体在服饰搭配中的应用

服饰搭配中，体是最终需要考虑的形态，体的形态最直接影响到服饰搭配的最终观感。如面与面的拼接，可以构成多面体，在服饰搭配中可以塑造前卫的造型（如图2-2-67所示）。面的重叠和叠加可以增加设计的层次和装饰的体积（如图2-2-68所示），增加服饰搭配的坚硬感、厚重感、堆积感（如图2-2-69、图2-2-70所示）。

面的卷曲层叠构成流动感的体，可以塑造具有华丽、浪漫、梦幻、柔软等感觉的服饰搭配（如图2-2-71、图2-2-72、图2-2-73、图2-2-74所示）。

点的大小、疏密、堆积也可以形成体的变化，一般由点形成的体，视觉效果活泼，具有一定的流动感，在服饰搭配中适合前卫、热情、活泼的整体造型（如图2-2-75、图2-2-76、图2-2-77所示）。

对服装局部进行材料的填充,可以增加服装的厚重感，改变服装的廓形，进而形成体的塑造。在服装搭配中，材料的填充可以塑造具有艺术性、趣味性等感觉的整体搭配形象（如图2-2-78、图2-2-79、图2-2-80、图2-2-81所示）。

图2-2-67　面的拼接所形成的“体”

图2-2-68　面的重叠所形成的“体”

图2-2-69　具有坚硬感的“体”

图2-2-70　具有堆积感的“体”

图2-2-71　具有华丽感的“体”

图2-2-72　具有浪漫感的“体”

图2-2-73　具有梦幻感的“体”

图2-2-74　具有柔软感的“体”

图2-2-75　具有流动感的“体”

图2-2-76　具有前卫感的“体”

图2-2-77　具有活泼感的“体”

图2-2-78　具有艺术感的“体”

图2-2-79　具有趣味感的“体”

图2-2-80　具有厚重感的“体”

图2-2-81　具有雕塑感的“体”

在服饰搭配中，体的出现载体主要有服装与服饰的造型，点、线、面结合组成体的空间，这些体相互交错呼应，以形成灵动的视觉形象（图2-2-82、图2-2-83、图2-2-84、图2-2-85所示）。

图2-2-82 服装廓形为载体的“体”

图2-2-83 头饰的“体”与服装廓形的“体”对比呼应

图2-2-84 头饰的“体”与服装细节相呼应

图2-2-85 人物整体造型与服装的“体”相呼应

第三节 服饰搭配中的造型设计

一、服饰搭配中的廓形设计

（1）服饰廓形的概念

服饰的廓形可以理解为服装的影像、剪影、侧影、轮廓，在服装设计上引申为外形、外廓线、大形、廓形等意思。服饰外轮廓是一种单一的色彩形态，人眼在没有看清款式细节以前首先感觉到外轮廓，不同的轮廓会给人不同的第一观感（如图2-3-1所示）。

图2-3-1 不同的服饰搭配轮廓

由西方服装史可以看出，20世纪20年代至70年代，是服饰外轮廓变化多样的年代，随着当时政治经济的变化，服饰的外轮廓几乎每五年就有大的变化（如图2-3-2所示）。

服饰廓型变化有以下几个关键部位：肩、腰、臀以及服装的下摆（如图2-3-3所示）。服饰廓型的变化也主要是对这几个部位的强调或掩盖，因其强调或掩盖的程度不同，形成了各种不同的廓型。

图2-3-2　20世纪20年代至70年代服饰廓形变化

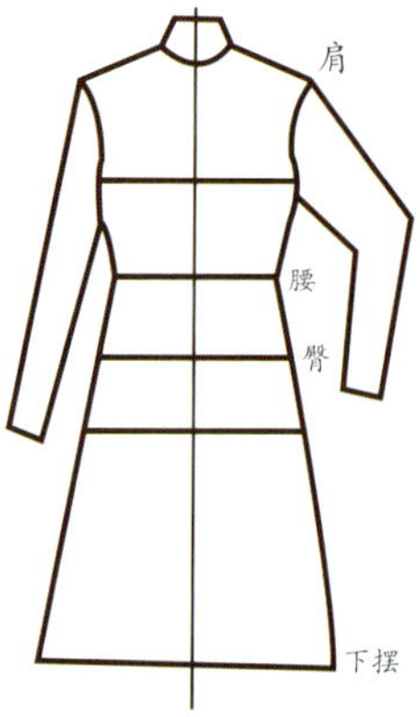

图2-3-3　服装部位示意图

肩线的位置、肩的宽度、形状的变化会对服饰的造型产生影响，例如：袒肩与耸肩的变化，宽肩与窄肩的变化，肩线与袖山高关系的变化。肩部造型的硬朗感或圆润感会直接影响到服饰整体的情绪，如尖锐的肩部造型会给人坚硬、强势的人物形象，而圆润的肩部造型给人以柔和、亲切的人物形象（如图2-3-4、图2-3-5所示）。

腰部是影响服饰廓型变化的重要部位，腰线高低位置的变化，形成高腰式、中腰式、低腰式。腰线围度的长短，形成紧腰身、松腰身。松的腰身给人硬朗、男性化的视觉感受，紧的腰身给人以柔美、女性化的视觉感受（如图2-3-6、图2-3-7、图2-3-8、图2-3-9所示）。

图2-3-4　尖锐的肩部造型

图2-3-5　圆润的肩部造型

图2-3-6　拉长腿部线条的高腰线

图2-3-7　强调上半身的低腰线

图2-3-8　女性化的紧腰身

图2-3-9　男性化的松腰身

摆就是底边线，在上衣和裙装中通常叫下摆，在裤装中通常叫脚口。摆是服装长度变化的关键参数，也是服饰外形变化的最敏感的部位。我们在观察新一季流行趋势时，会研究裙长和裤长的变化。裙长会以膝盖为参照物，观察膝盖上、膝盖下的长度变化。而裤子则会以脚踝为参照物。膝盖以上的裙长给人以精明、干练、活泼、轻便的感觉（如图2–3–10、图2–3–11所示），膝盖以下的裙长给人以优雅、庄重、保守的感觉（如图2–3–12、图2–3–13、图2–3–14所示）。

图2–3–10 活泼的“摆”

图2–3–11 干练的“摆”

图2–3–12 优雅的“摆”

图2–3–13 保守的“摆”

图2–3–14 庄重的“摆”

底摆除了长度的变化，形状变化也很多样，摆的形态的不同，给人的感觉也不一样。如层层叠叠的复杂形态，可以塑造着装者甜美的少女感；轻便的简单形态，可以塑造着装者的清新感；收口的夸张形态，可以塑造着装者的戏剧感（如图2–3–15、图2–3–16、图2–3–17所示）。

图2–3–15　少女感的“摆”

图2–3–16　清新感的“摆”

图2–3–17　戏剧感的“摆”

（2）服饰廓形的分类

服装肩、腰、臀、底摆的变化形成了各种各样的廓形，整合各种服装信息，可以对服饰廓形可以进行大致分类，主要的类型如下。

字母型：A型、V型、H型、O型、Y型、V型、X型、S型。

几何型：椭圆型、圆型、长方型、正方型、三角型、梯型、球型等。

物象型：气球型、钟型、木栓型、磁铁型、帐篷型、陀螺型、圆桶型、篷篷型、郁金香型、喇叭型、酒瓶型等。

专业术语型：公主线型、直身型、细长型、宽松型。

下面以最为著名，也是服装界通用的字母型来讲解服饰廓形。

1）A型

所谓A型，即服饰整体形态类似于字母A（如图2–3–18所示），从上至下像梯形式逐渐展开的外形。A型上衣一般肩部较窄或裸肩，衣摆宽松肥大；上衣和大衣以不收腰、宽下摆，或收腰、宽下摆为基本特征；裙子和裤子均以紧腰阔下摆为特征。这种类型给人可爱、活泼和浪漫的感觉（如图2–3–19所示）。

2）H型

H型称长方形廓形，较强调肩部造型，自上而下不收紧腰部，筒形下摆。使人有修长、简约的感觉，具有严谨、庄重的男性化风格特征。上衣和大衣以不收腰、窄下摆为基本特征。衣身呈直筒状；裙子和裤子也以上下等宽的直筒状为特征（如图2–3–20、图2–3–21、图2–3–22所示）。

图2–3–18　A型轮廓服饰搭配

图2–3–19　具有浪漫感的A型轮廓

图2–3–20　H型廓形的上衣及裤装搭配

图2–3–21　H型廓形的中长大衣搭配

图2–3–22　H型廓形的长大衣搭配

3）O型

O型为上下线收紧的椭圆,整体造型较为丰满，呈现出圆润的“O”形观感,可以掩饰身体的缺陷，对于上半身较胖的人是不错的选择。展现着装者活泼、可爱的人物个性，同时充满幽默而时髦的气息（如图2–3–23、图2–3–24、图2–3–25所示）。

4）V型

V型肩部较宽，下面逐渐变窄。整体外形夸张，有力度，带有阳刚气。Y型与V型类似。对于肩部较宽的人，夸张的肩部造型可以掩盖其缺点。不论是裙装还是裤装，一般用于塑造阳刚、强势的人物形象（如图2–3–26、图2–3–27、图2–3–28所示）。

图2–3–23　O型廓形短上衣的搭配

图2–3–24　O型廓形大衣的搭配

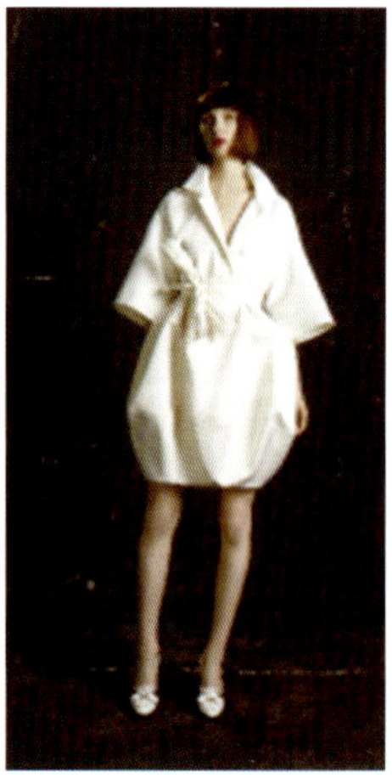

图2–3–25　O型廓形裙装的搭配

5）X型

X型肩部稍宽，腰部紧收，下摆自然放开。X型廓形是最能体现女性优雅气质的造型，具有柔和、优美的女性化风格。上衣和大衣以宽肩、阔摆、收腰为基本特征；裙子和裤子也以上下肥大、中间瘦紧为特征（如图2-3-29、图2-3-30、图2-3-31所示）。

6）S型

S型胸、臀围度适中而腰围收紧。较X型而言，这类廓型女生味更为浓厚，它通过结构设计、面料特性等手段达到展现女性S型曲线美的目的，体现出女性特有的浪漫、柔和、典雅的魅力（如图2-3-32、图2-3-33所示）。

图2-3-26 V型廓形的裤装搭配

图2-3-27 V型廓形的裙装搭配

图2-3-28 V型廓形的大衣搭配

图2-3-29 X型廓形的裙装搭配

图2-3-30 X型廓形的裤装搭配

图2-3-31 X型廓形的大衣搭配

图2-3-32 S型廓形的连衣裙搭配

图2-3-33 S型廓形的上下装搭配

二、服饰搭配中的色彩设计

（1）服饰色彩的概念

色彩在服饰搭配设计中占有重要的位置，服饰的色彩美具体表现在两个方面：一是服饰本身所具有的色彩美感，包括服饰面料的色彩美和服饰由搭配而产生的色彩美感；二是服饰与外界因素的协调而产生的色彩美感，包括肤色与饰品、服装色与肤色、服装色与环境等。不管是哪个方面的色彩美，设计师对色彩都要有专业的了解。

首先，必须了解色彩的基本知识。色彩是由三个方面因素形成的：第一，因光源的照射，物体本身反射一定的色彩；第二，环境对物体色彩的影响；第三，空间对物体色彩的影响。

其次，要了解色彩的三个类型：光源色是指由各种光源发出的光；固有色是指物体自己本身的固有色；环境色是指物体周围环境的颜色反射到物体上的颜色。

再次，还要了解色彩以下三个属性。

1）色相：是指颜色、色彩的显著特征，即各类色彩的相貌。黑色、白色、灰色以外的任何颜色都有色相的属性。最基本色相为：红、橙、黄、绿、蓝、紫。在各色中间加插一两个中间色，按光谱顺序为：红、橙红、黄橙、黄、黄绿、绿、绿蓝、蓝绿、蓝、蓝紫、紫、红紫，可制出十二基本色相（如图2-3-34所示）。

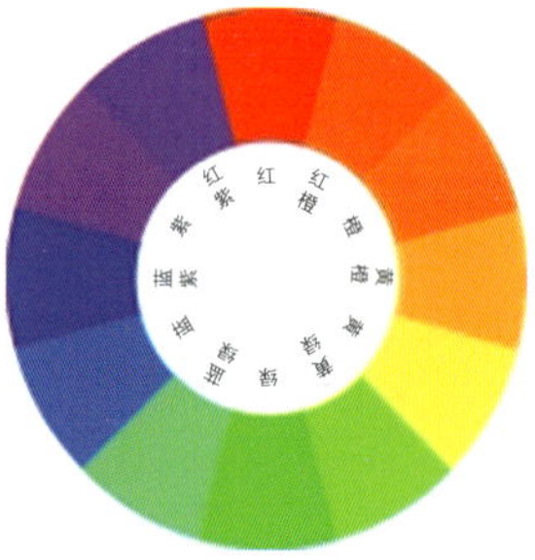

图2-3-34　色相环

2）明度：是指颜色、色彩的明暗和深浅，即色彩的明亮程度。色彩的明度有两种情况：一是同一色相不同明度（如图2-3-35所示）；二是每一种纯色都有与其相应的明度，黄色明度最高，蓝紫色明度最低，红色、绿色为中间明度（如图2-3-36所示）。

3）纯度：是指颜色、色彩的鲜艳度和饱和度。它表示颜色中所含有色成分的比例，含有色彩成分的比例愈大，则色彩的纯度愈高；含有色成分的比例愈小，则色彩的纯度也愈低（如图2-3-37所示）。

图2-3-35　同一色相不同明度

图2-3-36　不同色相不同明度

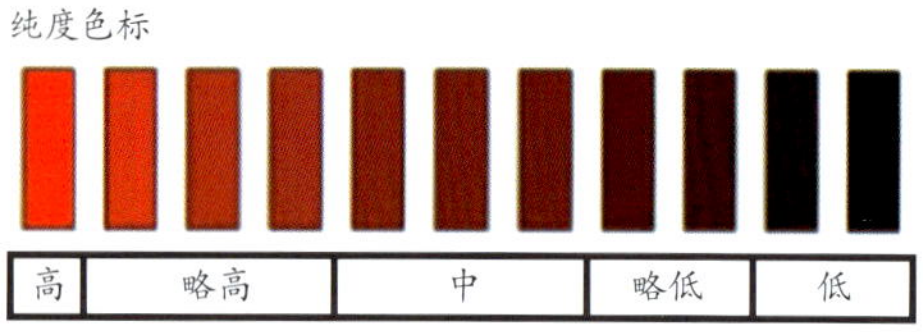

图2-3-37　纯度色标

服饰搭配需要通过对色彩视觉规律和色彩视错觉利用的研究，使肤色、体态和色彩美达到整体统一。服装色彩和自然界色彩相比较而言，服装色彩的选用局限性很大，要因人、因地、因时而异，所有的服饰都是为人服务的。

（2）服饰色彩的情感

色彩与服装的结合，增加了服装“鲜活的生命力”。同一款式的服装，由于不同色彩上的差别，所引起消费者的色彩心理效应是不同的。

图2-3-38　红色为服饰搭配唯一色彩

1）红色

红色在可见光谱中光波长最长，对视力的影响力最大。红色象征活跃、热情、健康、勇敢、性感、自信，是一种寓意能量充沛的色彩，代表着激情和光荣，红色代表永不言败的精神气质。红色在中国还代表喜庆，是中国人最钟爱的色彩之一。但是红色有时候会给人血腥、暴力、冲动的印象，容易给别人造成心理压力，所以红色服装要根据消费个体、场合、季节、风俗习惯进行设计。红色在作为服饰搭配的唯一色彩时，主要作为礼服、晚宴服、戏剧服出现。红色作为服饰搭配的主色调时，应与灰色、白色、黑色等服饰相搭配，使视觉效果更加和谐（如图2-3-38、图2-3-39所示）。

图2-3-39　红色为服饰搭配主色调

2）橙色

橙色是黄色和红色的混合体，也是最温暖的色彩之一，代表温馨、活泼、热闹，给人明快感，是一种寓意积极向上的颜色。很多人喜欢吃的水果都是橙色的，比如橙子、金橘等。所以作为暖色系中最温暖的颜色之一，它适合与明度和纯度低的颜色搭配，突出橙色的明亮。无彩色系的灰色、白色与橙色的搭配适用于春夏季服装，塑造人物活泼、明亮的性格。而恰当面积的黑色、灰色与橙色搭配，是设计师在秋冬季服装中喜欢使用的，可以让人在显得沉稳的同时减少冬季服装搭配的沉闷感（如图2-3-40、图2-3-41所示）。

图2-3-40 适宜于春夏的橙色服饰搭配

图2-3-41 适宜于秋冬的橙色服饰搭配

3）黄色

黄色属于暖色系，象征温情、光明、欢乐、热烈、跃动、喜悦、活泼，高彩度黄色是富贵的象征，低彩度的黄色则为春季服饰最理想的色彩，中明度的黄色适合夏季使用，而明度深强的黄色则符合秋季的气氛（如图2-3-42所示）。黄色可以和无彩色系的黑、白、灰搭配，也可以和对比强烈的色彩进行搭配，但是在搭配时，需要降低对比色系的纯度、体积或者穿插无彩色系色彩（如图2-3-43所示）。

图2-3-42 适宜于不同季节的黄色服饰搭配

4）绿色

绿色是自然界中常见的颜色之一，在光谱中介于青与黄之间，象征清新、希望、安全、平静、舒适、生命、和平、宁静、自然等。但是它在服饰搭配中却是一种很难搭配的颜色。绿色搭配同色系的颜色能给人温和有生机的感觉，比如柠檬黄绿、嫩草绿或者白色，都会给人一种清爽、生动的感觉（如图2-3-44所示）。但是搭配颜色的时候千万不要使用同一明度的绿。不然会让人有视觉疲劳，也不易于搭配凸显出层次感。绿色还可以和灰色系进行搭配，灰色是一种中和色，温和且可以搭配所有的不同明度的绿色，优雅中透露出一种时尚气息（如图2-3-45所示）。

图2-3-43 黄色为主色调的服饰搭配

大部分绿色系和黑色搭配都不是太出彩，会把绿色清新、自然的特点压抑住，但是深绿色和黑色系的搭配却有非常好的效果，显得高贵华丽(如图2-3-46所示)。

图2-3-44　绿色为主色调的服饰搭配

图2-3-45　绿色与灰色相搭配的服饰搭配

图2-3-46　绿色与黑色相搭配的服饰搭配

5）蓝色

在色谱中，蓝色是冷色调。蓝色非常“纯净”，通常让人联想到海洋、天空、水、宇宙。纯净的蓝色表现出自信、永恒、真理、美丽、冷静、理智、安详与广阔。高明度的蓝色，如“天蓝”会给人一种清新、凉爽的感觉，与白色、灰色或者同色系颜色搭配，可以有温和、柔软的视觉观感（如图2-3-47所示）。

低明度的蓝色，如“深蓝”“靛蓝”会给人一种都市化现代派印象。深蓝色与白色、黑色搭配，整套感觉很统一，凸显了蓝色的睿智冷静（如图2-3-48所示）。

图2-3-47　高明度蓝色的服饰搭配

图2-3-48　低明度蓝色的服饰搭配

蓝色与邻近色搭配起来的效果与同类色搭配效果类似，但更加容易搭配出层次感，可以塑造人物的高贵感（如图2-3-49所示），而蓝色与补色或者对比色搭配起来会有鲜艳、活泼、时髦的效果（如图2-3-50所示）。

图2-3-49　蓝色与同类色的服饰搭配

图2-3-50　蓝色与对比色的服饰搭配

6）紫色

紫色是由温暖的红色和冷静的蓝色混合而成，是极佳的服饰颜色。 在中国传统里，紫色是尊贵的颜色，代表权威、尊敬、高贵、优雅、信仰、孤独。紫色经常作为一种纯色应用在礼服中，不同明度、纯度的紫色，可以将礼服渲染得高贵华丽或者优雅甜美（如图2-3-51所示）。紫色在日常成衣搭配中也会出现，但是主要以和无彩色系搭配为主，与黑色搭配，可显得精明干练；与白色、灰色搭配，可显得甜美靓丽（如图2-3-52所示）。

图2-3-51　紫色为主色调的礼服搭配

图2-3-52　紫色为主色调的日常成衣搭配

7）粉色

粉色由红色和白色混合而成，非白非红，但仍归类为红色。粉色与女性气质相联系，代表可爱、单纯、活泼、梦幻、甜美、浪漫。粉色属于暖色调,最简单的搭配方法就是用白色来配粉色，可以让粉色显得更加的可爱和动人（如图2-3-53所示）。粉色还可以配上蓝色或紫色等关系相近的颜色，但是这对着装对象有着比较严格的要求，在年龄、心态、个人肤质上都要和粉色相协调，这样才能不显得做作,而更好地凸显出着装者的整体气质（如图2-3-54所示）。

图2-3-53　粉色与白色相搭配的服饰搭配

图2-3-54　粉色与近似色的服饰搭配

（3）服饰色彩的搭配原则

1）对比色搭配

对比色指在色相环中，距离比较远的颜色，例如黄色与蓝色、橙色与紫色；或者在色相环中，正对着的颜色，例如黄色与紫色、红色与绿色。这些色彩搭配属于强烈对比，充满戏剧冲突，在日常生活中需要用无彩色系穿插到设计细节中，达到视觉的平衡。

在对比色搭配时要注意,以一种色彩作为主色彩，把无彩色系和对比色系作为附属色彩，从色彩面积的大小比例变化上达到视觉平衡（如图2–3–55所示）。或者以一种色彩作为主色彩，把无彩色系和对比色系转化为点、线形式，使之与主色形成又对比又协调的视觉平衡（如图2–3–56所示）。

除此之外，很多设计师在运用对比色进行设计时，不添加任何无彩色系，直接将对比色进行撞色处理。此时可以降低一方色系的明度，来达到视觉的相对平衡（如图2–3–57所示）；或者减少一方色系的面积，来达到视觉平衡(如图2–3–58所示)。而在塑造强烈性格色彩人物时,可以将服饰搭配中各部位对比色的明度均加强，增强这种对比关系，来达到高调、强烈冲突的效果（如图2–3–59所示）。

图2–3–55　调整对比色或无色彩系面积的服饰搭配

图5–3–56　对比色或无色彩系转换为点、线形式的服饰搭配

图2–3–57　降低对比色明度的服饰搭配

图2–3–58　减少对比色一方面积的服饰搭配

2）协调色搭配

协调色的搭配主要有两种，一种是同类色搭配，一种是临近色搭配。

同类色搭配：是指深浅、明暗不同的两种同一类型颜色搭配，例如，深绿配浅绿、土黄配浅黄、湖蓝配靛蓝等。同类色搭配是服饰设计中最常用、最为简单并易掌握的搭配方式，不同明度、同一色系的色彩通过款式变化、色彩镶拼、花色图案来丰富服饰搭配的视觉效果（如图2–3–60所示）。同类色服饰搭配可以塑造人物安静、平和、稳定的视觉形象。

邻近色搭配：是指色相环上两色之间距离不超过60°的色彩进行搭配，也叫作近似色搭配，例如，红橙搭配、黄绿搭配、蓝紫搭配。这种搭配方式

图2–3–59　对比色强烈冲突的服饰搭配

比较温和、自然，比同类色富于变化，搭配方式更多样。可以借助无彩色系将邻近色融合在一起，也可以通过色彩的面积大小、主次关系等来确定服饰搭配的主色调（如图2–3–61所示）。

图2–3–60　同类色服饰搭配

图2–3–61　邻近色服饰搭配

3）无彩色系搭配

黑白搭配：是指黑白两种颜色的搭配。黑白配一直是经典的搭配，用黑白两色的对比可表现出不同的美感。在时尚界里，黑白配色是永远的经典。在黑白搭配时，注意确定搭配的主色调，以白色为主色调可以塑造人物优雅、女性的视觉感受；以黑色为主色调可以塑造人物坚毅、果敢的视觉感受（如图2–3–62所示）。

图2–3–62　黑白色彩的服饰搭配

此外，还可以用一种或多种色彩与黑白灰中的任一色彩进行搭配，在突出该色彩的同时降低色彩本身的属性，取得愉悦而和谐的视觉效果（如图2–3–63所示）。

图2-3-63　黑白色彩与其他色彩相搭配的服饰搭配

作业

作业1：廓形练习。

要求：绘制A型、V型、H型、O型、Y型、V型、X型、S型服装剪影，每种类型3款，A4卡纸装裱。

作业2：综合运用服饰色彩搭配知识，为18～25岁女性搭配一系列（四件套）春游服装。

要求：自己设定18～25岁女性的性格特点，自己设定春游场景，制作展示板，A4卡纸装裱。

第三章

服饰搭配方法

学习情境：多媒体教室。

学习方式：课堂理论讲授与作业辅导相结合，辅以幻灯、录像、图片等教学手段，引导学生对服饰搭配艺术进行专项练习，训练学生根据着装对象心理、生理、外部环境的变化，设计搭配出不同的服饰作品。

学习目的：通过本章节的理论讲授和课题练习，使学生基本掌握服饰搭配的各种技巧。

学习要求：（1）理解并掌握服饰整体搭配方法，并能灵活运用；

（2）掌握不同体型的服饰搭配技巧；

（3）掌握不同季节的服饰搭配技巧；

（4）掌握不同场所的服饰搭配技巧。

学习准备：（1）观看电影《杜拉拉升职记》；

（2）观看电影《穿Prada的恶魔》。

第一节　服饰整体搭配

服饰整体搭配作为日常生活中必不可少的元素，不仅具有很强的视觉效果和艺术感染力，其设计过程也具有很大的创造性和灵活性。在服饰整体搭配的美学思想指导下，有方法有步骤有程序地对服饰品进行整体搭配，可以使服饰达到更好的视觉效果。服饰整体搭配的方法主要有以下几种。

一、色彩搭配

由视觉传达领域的研究成果可知，人类在感知物体时，第一印象主要是由颜色决定的。颜色不仅仅是服饰品设计领域的重要元素，更是服饰整体搭配要考虑的必不可少的因素。服饰的整体搭配在色彩领域主要有以下几种考虑方法。

（1）同类色搭配

同类色搭配，是指服装与服饰品采用相同或者相近的色彩进行搭配。可以选择同一色相的服装与服饰品，使得视觉效果统一，然后通过改变其明度与纯度以显示整体搭配的层次感。也可以选择在色环中相近或者相邻的色相进行搭配，例如若选择黄色作为整体色调，那么在搭配中可以使用亮黄色、棕黄色、黄绿色、褐色等颜色（如图3–1–1所示）。

图3–1–1　同类色服饰整体搭配

（2）对比色搭配

对比色搭配，是指服装与服饰品选择视觉效果差较大的色彩进行整体搭配。可以选择色相对比较大的颜色进行整体搭配以形成视觉冲击感，如红色与绿色，黄色与紫色等。在搭配时可以降低或者升高所有色相的明度或纯度，以求得视觉上的平衡感（如图3–1–2所示）。也可以选择色彩纯度或者明度对比较大的色彩进行搭配，如轻柔的粉色与黯淡的灰黑色等（如图3–1–3所示）。

图3–1–2　色相对比服饰整体搭配（Prada品牌）

图3–1–3　明度对比服饰整体搭配（Sachin Babi品牌）

（3）无色彩系搭配

无色彩系颜色指的是黑色、白色、灰色、金色与银色。无色彩系的搭配分为两种，第一种视觉落差较大，如黑色与白色、黑色与银色相搭配，可以很好地塑造视觉中心感（如图3-1-4所示）；另一种视觉落差较小，如白色和灰色、白色和银色相搭配，可以塑造温柔的整体视觉效果（如图3-1-5所示）。

图3-1-4　视觉落差大的无色彩系服饰整体搭配（Sachin Babi品牌、Chanel品牌）

图3-1-5　视觉落差小的无色彩系服饰整体搭配

二、造型搭配

根据西方学者的研究，一个人的第一印象有55%体现在外表、穿着、打扮上，可见服饰整体搭配对人物形象的重要性。在人们日常生活中，服饰品的造型千姿百态，直接决定着人物的总体形象。如造型尖锐的服饰品，往往给人侵略感较强，适合前卫、强势、干练的服饰整体形象；而造型柔和的服饰品，往往给人以亲切感，适合温柔、亲切的服饰整体形象。服饰品的造型与服装的造型相搭配，一般采用相互呼应的方法：服装的整体造型与服饰品的整体造型相呼应，如服装为棱角的造型，一般也选择有棱角的服饰品与之相搭配（如图3-1-6所示）；服饰品与服装中的某些细节相呼应，形成整体的视觉效果，如绑带的设计元素同时运用于服装与鞋履的设计中（如图3-1-7所示）；服装的造型主题与服饰品的造型主题相呼应，如服装类似于鼓乐手的制服造型，服饰品可以设计成鼓的形态，以增加服饰整体搭配的趣味性（如图3-1-8所示）。

图3-1-6　整体造型相呼应的服饰整体搭配

图3-1-7　细节造型相呼应的服饰整体搭配

图3-1-8　造型主题相呼应的服饰整体搭配（Dolce&Gabbana品牌）

三、材质搭配

在服饰品整体搭配过程中，材质的选择是十分考究的，不仅要考虑到服饰品与材质的协调性、合理性和美观性，还要考虑到材质与着装者气质、场合的和谐性。服饰品的材质搭配法主要分为两种：第一，和谐搭配法，即着装者的服装与服饰品采用同一材质，体现和谐美观的视觉效果（如图3-1-9所示），这种搭配法也有助于塑造着装者的整体气质。第二，对比搭配法，即着装者的服装与服饰品采用不同的材质，如轻薄的纱裙搭配厚重的毛线编织帽饰（如图3-1-10所示），或者厚重的大衣搭配轻薄的手套和帽饰（如图3-1-11所示），这种搭配法用对比产生美感，有助于塑造整体服饰的视觉中心。

图3-1-9　材质统一的服饰整体搭配（Chanel品牌）

图3-1-10　材质对比的服饰整体搭配（Chanel品牌）

此外，还须注意的是，服饰品的材质不是以一成不变的形式出现的，不同的加工手法也使得服饰品呈现出不同的视觉效果。如同样是布艺服饰品，使用印花和使用刺绣的加工方式呈现出的效果不一样，使用烧制和使用绗缝的方式呈现出的效果又不一样。不同视觉效果的服饰品需要与不同的服装进行搭配，才能达到更好的搭配效果（如图3-1-12所示）。

图3-1-11　材质对比的服饰整体搭配（Chanel品牌）

图3-1-12　相同工艺的服饰整体搭配（Dolce & Gabbana品牌）

四、风格搭配

不同的地域、历史、文化铸就了人们不同的审美倾向及装饰习惯，久而久之就形成的固定的装饰风格。根据不同的风格来进行服饰整体搭配是搭配方法的一种。

（1）都市风格

所谓都市风格是在大型城市生活过程中自然形成的，为适合城市快节奏的生活习惯，该风格强调的是服饰品的机能性、考究性和冷静性。造型上多为有棱有角的直线造型，颜色上多为无色彩系或冷色彩系，创造一种简洁利落的现代化愿景。在服饰整体搭配时，最大限度地去除多余的装饰部分，突出结构、彰显造型、呈现明快风格、展现个性（如图3-1-13所示）。

（2）自然风格

自然风格推崇天然的情趣，在服饰品搭配中崇尚结合自然事物，以表现悠闲、舒畅、自然的田园生活情趣。自然风格中多采用木质、竹质、石头、花草树木等自然材料与印花布料、格子布料、粗犷的麻绳等相结合。颜色以天然色系为主，造型也多以自然宽松的形态为主。以此来表现着装者以大自然为精神寄托和超凡脱俗的审美情趣（如图3-1-14所示、图3-1-15所示）。

图3-1-13 都市风格的服饰整体搭配

图3-1-14 自然风格的服饰整体搭配

图3-1-15 自然风格的服饰整体搭配

图3-1-16 中国民族风格的服饰整体搭配

（3）民族风格

民族风格并不只限于中国的传统民族风格，而是世界上任意一个国家、民族、地区的人们在生产生活中所形成的自我的物质的、精神的文化现象。一般民族风格的整体服饰搭配会吸取当地的着装理念，但不是完全照搬传统着装，而是与现代生活方式相协调，创造具有现代感的民族风格整体着装。民族风格的整体搭配中服饰品的造型、颜色和材质根据选择的民族不同而各不相同。如中国民族风格多吸取中国传统的剪纸图案、刺绣图案、民俗图案、山水画等元素运用于服饰整体搭配，因此富有东方色彩（如图3-1-16所示）。而波西米亚风格则以波西米亚地区强烈的色彩、繁复的设计给人强烈的视觉冲击力（如图3-1-17所示）。

（4）优雅风格

简练、精致、高贵是优雅风格的特点，重在表现成熟女性脱俗考究、优雅知性的气质风范。优雅风格的服饰整体搭配多以表现女性自然的完美曲线为造型要点。材质上主要采用水晶、玉石和贵金属等较为贵重的材料。造型一般以曲线为主，色彩采用黑、白、灰或者淡雅柔美的颜色。服饰整体设计既夺人眼球又不过分夸张，展现着装者的社会地位和生活情趣（如图3-1-18所示）。

图3-1-17 波西米亚风格的服饰整体搭配（Chlo é 品牌）

图3-1-18 优雅风格的服饰整体搭配

（5）前卫风格

前卫风格是指奇特新异的服饰整体形象，往往从抽象派、达达派、超现实主义等前卫艺术中攫取灵感，表现出对传统观念的反叛和创新精神。前卫风格的服饰整体搭配往往在造型上选择夸张的形态、奇特的线条来表现其设计理念。色彩上也多采用对比色或者具有未来感的金属色调或灰黑色调为主色调。在材质上探索不常运用于服饰品的新型材料。前卫风格的整体服饰搭配对经典的美学标准进行突破，寻求新的设计方向，追求标新立异的美感（如图3-1-19、图3-1-20所示）。

图3-1-19　前卫风格的服饰整体搭配（Alexander Wang品牌）

图3-1-20　前卫风格的服饰整体搭配（Alexander Wang品牌）

第二节　不同体型的服饰搭配

人体由206块骨头组成骨骼结构，骨骼外面附有600多条肌肉，肌肉外是一层皮肤。所谓体型，即人体最外表的型。体型反映的是身体各部分的比例。例如躯干上下之间的比例，身高与肩宽的比例，胸围、腰围与臀围之间的比例(如图3-2-1所示)。体型三要素为：骨骼、肌肉、脂肪。骨骼决定了人的高矮，肌肉、脂肪决定了人的胖瘦。

美的体形概括为：身形健康、身高适度、比例匀称、线条流畅。

为了方便进行服饰设计，设计师们对人体体型进行了归纳分类，常见人体体型的分类有以下几种。

按字母形状分类：H型、X型、A型、O型、Y型(如图3-2-2所示)。字母形人体体型分类在服饰设计领域运用最为广泛，也是本书要讨论的主要类型。

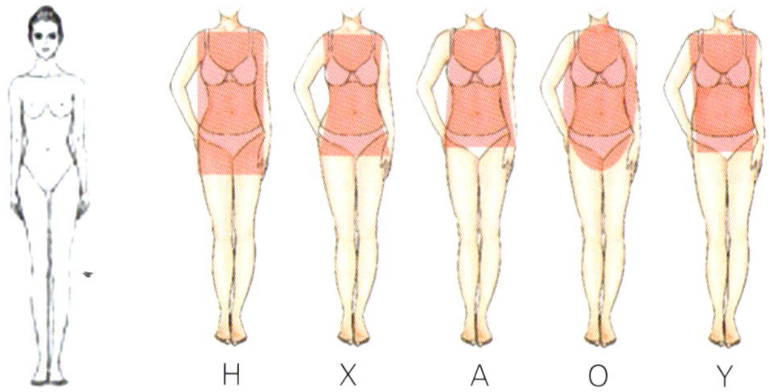

图3-2-1　人体体型

图3-2-2　字母形体型分类

按几何图形分类：倒三角型、直筒型、椭圆型、圆筒型。

按水果形状分类：西洋梨型、葫芦型、苹果型。

按脂肪蓄积程度分类：瘦长型、中间型、肥胖型。

按人体测量医学分类：胸型（瘦长型）、肌型（匀称型）、腹型（矮胖型）。

一、H形体型的服饰搭配

（1）H形体型特点

H形体型肩部与臀部的宽度接近，为H形的轮廓线，臀围与腰围的差值小于15cm 。骨架从小到大都有，脂肪均衡地分布在身体各个部分，或者在腹部周围 。H型体型特点是肩部与臀部的宽度接近，身体最突出特征是直线条，腰部和臀部的尺寸相差很小，腰部不明显。

（2）H形体型服饰搭配技巧

首先，由于身体最突出特征是直线条，腰部不明显，应避免穿着体积较大的上衣，以免显得身材过于魁梧。另外，由于腰部不明显，短款和紧身上衣都不是很好的选择，应通过单品的搭配，从款式和色彩上分隔上下身，体现服装比例（如图3–2–3所示）。

其次，如果身材属于比较瘦的H型，可以利用加宽肩部与臀部的设计来修正体型。也可以穿外轮廓较坚硬或宽大的服装将粗壮的腰部有效地掩盖起来（如图3–2–4、图3–2–5所示）。

如果身材属于比较胖的H型，可以选择大结构外衣，同时内搭提高腰线设计的服装，拉长腿的比例。或者通过配饰加强颈部的装饰，引起视觉重心的上移（如图3–2–6、图3–2–7所示）。也可以选择A型外轮廓的服装来塑造身体曲线，飘逸的裙摆有助于改变身体的直线感（如图3–2–8所示）。

图3–2–3　H形体型通过服饰搭配美化身体比例

图3–2–4　H形体型加宽肩部线条和加宽臀部线条的服饰搭配

图3–2–5　H形体型遮盖腰部的服饰搭配

图3–2–6　H形体型拉长腿部比例的服饰搭配

图3–2–7　H形体型视觉重心上移的服饰搭配

图3–2–8　H形体型塑造身体曲线的服饰搭配

二、X形体型的服饰搭配

（1）X形体型特点

X形体型肩膀与臀部基本同宽，腰身瘦小。腰围比臀围小 18～25cm 。胳膊与腰部之间有明显的缝隙。肩膀有棱角。身长比例均衡。骨架从小到大都有。重量分部不均，通常臀部及大腿部位较重。即便腰部有肉，但腰围明显小于臀部及肩膀的宽度。X形体型也称沙漏型。X形体型胸部丰满、腰部纤细、臀部圆润、曲线明显，是女性性感最突出的体型。

图3-2-9 X形体型展现身体曲线的服饰搭配

图3-2-10 X形体型拉长腿部线条的服饰搭配

（2）X形体型服饰搭配技巧

X形体型是最理想的身体体型，如果身材纤细、身高中等，那么几乎所有的款式都可以穿着。

如果身材比较丰满，那么应该注意身体与服装的合适度。不要选择过于紧身的服装。可以选择肩部和臀部比较宽松，且收紧腰部的款式，以展现身体曲线（如图3-2-9所示）。也可以选择高腰线服装，选择上短下长的搭配方式，拉长腿部线条，使得身材比例更加完美（如图3-2-10所示）。另外，X形体型的女性应避免穿着A型的裙袍，因为丰满的胸部造型会增加臃肿感。

三、A形体型的服饰搭配

（1）A形体型的特点

A形体型臀大肩小，最主要的特征是宽大的臀部或者较粗的腿部。A形体型的特点不随人的胖瘦而改变，是臀部的宽度比肩部宽。常常溜肩。小骨架。胸部是否突出不会影响臀部在整个身体中的比例。脂肪的分布不平衡，通常集中于臀部、腹部与大腿。欧美明星金・卡戴珊就是典型的A型体型。

（2）A形体型服饰搭配技巧

A形体型的服饰搭配应将主要装饰品集中于身体的上部，使视觉注意力上移，转移臀部的厚重感，特别是当A形体型的人物较瘦时，此搭配法可以起到很好的修饰身形的作用（如图3-2-11所示）。垫肩、收腰、胸部贴口袋、胸部使用褶皱、加宽加大衣领都是适合的设计（如图3-2-12所示）。

图3-2-11 A形体型视觉装饰物集中于上半身的服饰搭配

图3-2-12 A形体型视觉重心上移的搭配方法

对于A形体型来说，A型外轮廓服装最容易搭配，因为服装很容易遮盖宽大的臀部，如A型的裤装、斗篷、披风、大衣等（如图3-2-13所示）。另外，X型、H型、Y型外轮廓服装都需要垫肩来调整肩部的宽度以平衡臀部，因此如果A形体型的臀部不是非常肥大，调整垫肩后，则X型、H型、Y型外轮廓的服装也都适合这类人穿着（如图3-2-14所示）。

图3-2-13　A形体型的A型外轮廓服饰搭配

图3-2-14　A形体型体调整肩部轮廓的服饰搭配

四、O形体型的服饰搭配

（1）O形体型的特点

O形体型最为突出的体型特点为圆润的肚子，腰部的宽度大于肩部与臀部的宽度。一般O形体型的人都较胖，也有体重轻的人是O形体型。通常胳膊与腿为正常尺寸。骨架从小到大都有。脂肪多存于腰腹部。大部分O形体型也溜肩，胸部也较为丰满，视觉中心集中于身体中部。

（2）O形体型服饰搭配技巧

首先，适合O形体型的服装一般为O型外轮廓的服装。因为O型外轮廓的服装能使得肩部细窄，收紧臀部，同时遮盖住腰腹部，加长腿的比例，可以较好地扬长避短，修饰体形（如图3-2-15所示）。另外，H型外轮廓的服装由于剪裁利落，肩部方正，且能很好地遮盖住腰腹部，因此也较为适合O形体型（如图3-2-16所示）。

图3-2-15　O形体型的O型外轮廓服饰搭配

图3-2-16　O形体型的H型外轮廓服饰搭配

其次，A型外轮廓的服装也比较适合O形体型，将腰线提到胸线下并设置恰当的衣长比例，可以掩盖腹部和臀部的不足，遮挡身体中部，同时拉高视觉中心，营造轻松浪漫的感觉。值得注意的是，如果O形体型的腿部较细，此时A型服装不宜过长，否则容易增加臃肿的感觉，适当地露出腿部，可以增加人物的轻松感（如图3-2-17所示）。

图3-2-17　O形体型的A型外轮廓服饰搭配

五、Y形体型的服饰搭配

（1）Y形体型的特点

Y形体型的主要特点是宽肩窄臀，显得魁梧高大，但是腰部突出。常常是中等到偏大的骨骼结构。臀部与腿部较为苗条。脂肪的分布不平衡，通常分布在身体的上半部，胸部不突出。虽然胸部可能很丰满，有腰部曲线，腿部较细，但体型外部特征仍为Y型。

图3-2-18 Y形体型减小肩部宽度的服饰搭配

（2）Y形体型的服饰搭配技巧

Y形体型肩部较宽，为了在视觉上减小肩部加宽臀部，插肩袖或无肩缝的衣袖设计可以有效地进行视觉美化（如图3-2-18所示）。当人物腰部比较纤细时，X型外轮廓的服装较也适合Y形体型，即合体的上衣、收紧的腰部与有裙摆的裙子，可以加宽臀部比例，减少视觉落差，让Y形体型看上去更接近X形体型（如图3-2-19所示）。同时，对肩部的处理可以使半遮半露的形式，利用服饰的遮挡和错视，减小肩部的体量感（如图3-2-20所示）。

另外， Y型外轮廓的服装也可用于该体型的服饰搭配，宽大的上衣和缩紧的下半身，可以造成戏剧化的冲突，掩盖肩部和胸部，塑造舒适、随意的人物感受（如图3-2-21所示）。

图3-2-19 Y形体型加宽臀部宽度的服饰搭配

图3-2-20 Y形体型利用肩部错视的服饰搭配

图3-2-21 Y形体型的Y型外轮廓服饰搭配

第三节 不同季节的服饰搭配

服饰搭配方法受季节不同而有所改变。由于不同季节的温度、湿度等气候性因素不同，不同季节人的心理感受与需求不同，因此在进行服饰搭配时，不仅要考虑实用性因素，还应考虑人的心理因素。

一、春季的服饰搭配

春天万物复苏，欣欣向荣的气象拨动着轻松而温暖的心情。在搭配春季服装之前，首先可以把衣服分出基本款和时尚款。基本款服饰的循环利用率高，可以在不同年度的同一季节多次使用；时尚款的前沿性较强，一般适用于一至两年的使用。

（1）春装的基本款式搭配

1）针织毛衣

针织毛衣的款式一般根据自身脸型和身材条件选择，有圆领毛衣、V领毛衣、一字领毛衣、高领毛衣等，一般圆脸适合V领，有助于拉长颈部线条，减少脸部的圆润感。鹅蛋脸可以尝试多种款式，一字领、高领、圆领均合适，但是脸部和身材过于消瘦则应少尝试V领和高领，否则会增加人物的锐利感，给人难以亲近的感觉。

在色彩上，有黑色、白色、灰色、米色等常青色可以选择，这些色彩运用率高，适合的人物和场合也多样；同时，还有一些浅色系可以选择，比如浅绿、粉蓝等糖果色，这些色彩符合春天浪漫、柔和、有生机的视觉感受，可以塑造人物温柔、青春的形象（如图3-3-1所示）。

针织毛衣具有一定的保暖性和柔软性，适合春季的季节特质。同时，其搭配方式多种多样，既可以单穿，也可以搭配衬衣、裤装、裙装进行穿着（如图3-3-2所示）。日常搭配同色系或者无色系的服饰品可以塑造人物温柔、平和的视觉形象，而搭配多色彩或者色彩视觉冲击力较大的服饰，则可以塑造人物活泼、热情、趣味的视觉形象（如图3-3-3、图3-3-4所示）。

图3-3-1　不同色彩的基础款针织毛衣搭配

图3-3-2　基础款毛衣搭配裙装与裤装

图3-3-3　基础款针织毛衣同色系服饰搭配

图3-3-4　基础款针织毛衣对比色系服饰搭配

2）长裤

长裤是春季利用率最高的基础款之一。裤子的款式多种多样，有紧身裤、直腿裤、阔腿裤、高腰裤、锥形裤等裤型。每种裤型给人的视觉感受不同。紧身裤可以很好地勾勒腿部线条,展示穿着者的身材（如图3–3–5所示）；直筒裤较为中规中矩，适宜于工作、休闲等多种场合，适宜人群也较为广泛（如图3–3–6所示）；阔腿裤和高腰裤可以很好地修饰下半身，拉长腿部线条，美化身形（如图3–3–7所示）；锥形裤穿着舒适，显得较为随意，更适合具有休闲个性、街头文化的穿着（如图3–3–8所示）。

图3–3–5　紧身裤服饰搭配

图3–3–6　直筒裤服饰搭配

图3–3–7　高腰阔腿裤服饰搭配

图3–3–8　锥形裤服饰搭配

长裤的面料主要有棉、亚麻、涤纶、锦纶、羊毛、腈纶、氨纶、莱卡、牛仔等。不同的面料有不同的织物情感，如棉、亚麻显得飘逸、随性等，莱卡、牛仔显得帅气、个性等。同时，与不同的处理工艺相结合，如辑明线、烫钻、抽丝、砂洗、磨边等,可以更好地彰显人物个性（如图3–3–9所示）。

图3–3–9　不同材质、工艺的长裤服饰搭配

裤装的颜色丰富多样，常用的以浅蓝、深蓝、黑色、卡其色为主。颜色鲜艳的裤装更容易抓住视觉中心，凸显人物个性，一般颜色较为鲜艳的裤装搭配上衣应以黑、白、灰或者同类色等素净的色彩为主，避免颜色过多而造成视觉混乱（如图3–3–10所示）。颜色灰暗的裤装更适合日常都市工作与生活，搭配其他颜色鲜艳或素净的服饰品皆可（如图3–3–11所示）。

3）风衣

风衣防风、挡雨，具有一定的保暖性，适合春季的季节温度。同时，其塑形感好，修饰身材，适合多种身型，适用的场合也相对广泛。所以，风衣是春季利用率较高的一种服饰。风衣的面料有

图3–3–10　颜色鲜艳的长裤服饰搭配

图3–3–11　颜色灰暗的长裤服饰搭配

尼龙、中长化纤、涤卡、涤棉、府绸、全毛呢料及部分丝、麻织物等。著名的英国风衣品牌Burberry，就是以其美观、实用著称，其风衣的面料科技含量高，具有很好的防风、防雨、塑形的功能，同时还能兼具良好的透气性，保证穿着的舒适性（如图3-3-12所示）。

图3-3-12　Burberry品牌风衣

图3-3-13　塑造干练感的风衣服饰搭配

春季风衣区别于秋冬的沉重感，以明快的中浅色为主，如浅蓝、浅灰、军绿等颜色；也可以是卡其、紫红、海蓝色以及各种带花纹和条纹的面料。在日常用装中，风衣一般搭配干净、利落的裤装和实用性较高的包袋，塑造人物积极、干练的形象（如图3-3-13所示）。风衣搭配裙装，可以削弱风衣的锐利感，更好地突出着装者的柔美、浪漫的性格（如图3-3-14所示）。如果是出席较为活泼和凸显个性的场合，如郊游、私人聚会等，可以在风衣内搭配颜色较为跳跃的服装，搭配舒适性高、个性感强的鞋履和包袋，塑造轻松活泼的视觉感受（如图3-3-15所示）。

图3-3-14　塑造女性感的风衣服饰搭配

图3-3-15　塑造个性感的风衣服饰搭配

4）薄款外套

薄款外套的种类很多，如薄款的西装外套、针织外套等。薄款西装在春季是必要的单品。以前，西装主要用于正式的商务场合，现在其搭配方式多样，适用的场合也越来越多元化，可以是正式的商务场合，也可以是较为放松的休闲场合。西装外套一般具有较为硬朗的外部轮廓，可以是修身型；也可以是半休闲H廓形，但总体来说，不论是商务西装还是休闲西装，都比较适用于塑造人物的干练感（如图3-3-16所示）。

另一种春季穿着率较高的外套是针织外套。针织外套在春季既有职业感又带着些休闲的味道，可以展现女性温柔细腻的气息。粗扭花针织外套在中性中带有一丝浪漫，细针织外套则更易展现女性的温情。

针织外套的搭配非常广泛，既可以搭配裙装，显示女性的柔美感，也可以搭配裤装，提高着装的休闲感（如图3–3–17所示）。在搭配裤装时，可以选择贴身的紧腿裤展示身材，也可以选择高腰裤、阔腿裤来拉长腿部线条，当裤装的材质较硬、廓形感较强时，还可以塑造人物的干练感，用于商务场合（如图3–3–18所示）。宽大的针织衫可以遮盖人体身形，起到修饰身形的作用。值得注意的是，针织衫的塑形感不强，在搭配其他服饰时最好通过颜色、图案等形式来区分层次，不然会给人拖沓、臃肿的感觉。

图3–3–16　不同风格的西装外套服饰搭配

图3–3–17　针织外套与裙装的服饰搭配

图3–3–18　针织外套与裤装的服饰搭配

（2）春装时尚款

著名时装设计师伊夫·圣罗兰(Yves Saint Laurent)说过：“时尚易逝，风格永存。”所以，时尚款并不是一个绝对的概念，只是针对流行趋势，会对当季的季节主题有所影响。在进行服饰搭配时，可以根据当年发布的流行色、流行款式等，对一些基本款进行微调，例如：当季若流行未来科技主题，那么在服饰选择时，可以考虑选用涂层面料的外衣、手袋或者鞋履等，增加服装的未来感，与当季流行主题进行呼应。

同时值得注意的是，服饰配件的选择是提升时尚外观的关键。在春季里，丝巾、胸针是必不可少的时尚搭品。根据当年的不同流行趋势，更换适应于当季的鞋履、包袋、帽饰等，可以很好地塑造服饰搭配的时尚感（如图3–3–19所示）。

二、夏季的服饰搭配

在骄阳似火的夏日，女性的服饰也形成了不同的主题，展示着不同的风情。夏季服装以清雅、精致、浪漫为主，适当的运动休闲打扮可以使女性显得更具活力。

（1）夏装的基本款式搭配

1）T恤

T恤是夏季必备的基本款式之一，不论是纯色T恤，还是印有流行文字和图案的主题T恤，其搭配范围都很广泛。

图3-3-19 通过服饰配件提升时尚感的春季服饰搭配

夏季T恤一般选择明度较高、纯度较低的颜色，以增加夏季的清凉感，当然也有人穿着黑色T恤以塑造个性感。夏季T恤可以搭配裤装或者裙装，塑造不同的人物个性，如搭配碎花裙可以展示女性的清新可爱，搭配裤装可以显得干练大方（如图3-3-20、图3-3-21所示）。另外，T恤还可以随个人喜好进行撕扯或者花边装饰等，塑造不一样的视觉感受。

图3-3-20 T恤与不同裙装的服饰搭配

图3-3-21 T恤与不同裤装的服饰搭配

2）衬衫

衬衫是夏季必需的单品之一，可以作为职场女性的百搭品，也可以单独演绎中性风、浪漫风、复古风、学院风，所以各种风格气质的女性在夏季衣橱里都要准备几件衬衫单品。夏季用衬衫的色彩为明度相对较高的颜色，如本白、粉蓝、浅灰、米黄、浅咖等，少许的印花可以增加衬衫的风情。轻、薄、软、爽、挺、透气性好的所有面料都可以用在衬衫上。夏季用衬衫，长袖、短袖皆可，在空调越来越普遍的今天，长袖衬衫的使用率越来越高，因为在室内它具有一定的保暖性，在室外又可以将袖子卷到肘部以上，以便透气凉爽。衬衫具有一定的中性风情，搭配裤装显得帅气随性，搭配裙装也显得舒适自然（如图3-3-22所示）。

3）短裤

短裤是统称，即区别于完全盖住腿部的长裤的所有裤装种类，其款式按照长短可以分为五分裤、七分裤、九分裤等。每一个裤装种类都有其不同的特性，随着时代的发展，现在所称的短裤普遍为裤长在膝盖以上的裤装样式。

夏季短裤的颜色以蓝、白色、米咖色或粉色系为主，清新亮丽，当然作为百搭的黑色也占有一部分比重。短裤按照适体程度分为紧身裤、舒适裤、宽松裤等；按照穿着场合可以分为正装裤、工装裤、休闲裤等；按照样式可以分为连体裤、裙裤等；按照腰节线分为高腰裤、中腰裤、低腰裤等。短裤虽然会露出腿部，但是高腰阔腿款式的短裤依然可以拉长腿部线条（如图3-3-23所示）。夏季短裤的面料也比较多样，棉、麻、丝、牛仔均可。一般棉麻等塑性感较好的面料多用于较为正式的服饰搭配，牛仔、丝等面料多用于休闲场合的服饰搭配（如图3-3-24所示）。需要展现个性时，可以短裤搭配较为夸张的上衣，塑造独特感（如图3-3-25所示）。

图3-3-22　衬衫的不同服饰搭配

图3-3-23　高腰阔腿短裤的服饰搭配

图3-3-24　适用于不同场合的短裤服饰搭配

图3-3-25　具有个性感的短裤服饰搭配

4）连衣裙

连衣裙是夏季利用率最高的服饰品之一。连衣裙的色彩多样，利用率最高的以纯色为主，白色最为经典。面料选用真丝、纱质面料以及棉、麻质纤维。裙子长短根据个人身材情况而定。一般身材较高的长短裙皆合适，身材较矮的适宜于短裙，连衣裙的高腰样式也可以拉长腿部线条，塑造人体高挑的视觉感受（如图3-3-26所示）。

连衣裙本身包括上半身和下半身，是一个较为完善的服饰整体，占据视觉面积也较大，所以其他搭配一般以呼应连衣裙为主，如与连衣裙相同主题、颜色、款式的鞋履、包袋、发饰等。

5）半裙

半裙和短裤一样，都是在夏季易搭配的单品。它可以作为职业套装的一部分，与衬衫和小西装等搭配，也可以作为休闲装的一部分，与不同造型的衬衫、T恤等搭配产生多样的风格（如图3-3-27所示）。面料方面，既可以使用裤装面料，塑造硬朗、挺拔的风格，也可以使用柔软的面料，塑造浪漫、清新或轻奢的风格（如图3-3-28所示）。半裙的长短可以根据场合需要而选择。一般较为正式的场合短裙长度需要遮盖住膝盖，较为休闲的场合则长短皆可。长度较长可以显得优雅、庄重，较短可以显得更有青春活力（如图3-3-29所示）。

图3-3-26　不同连衣裙的服饰搭配

图3-3-27　不同风格的半裙服饰搭配

图3-3-28　不同材质的半裙服饰搭配

图3-3-29　不同长度的半裙服饰搭配

6）小西装

夏天小西装对职场女性来说必不可少，是在空调间里的必搭品。由于西装常常是出席正式场合穿着的服装，所以很多夏季小西装还承担着小礼服的作用。因此这一类小西装做工精致，版型严谨，面料需要带点光泽。作为中性风存在的小西装以H型造型为主，面料多选用棉麻，不过在袖长上比一般西装长度偏短，以七分袖为主（如图3-3-30所示）。

图3-3-30　小西装的不同服饰搭配

（2）夏季服装搭配品

除了基本的包袋、鞋履外，夏季服装搭配品还包括帽子、腰带、丝巾、墨镜、太阳伞等。夏季服装搭配品的颜色一般比较鲜亮，可以与服装融洽搭配。这些搭配品不仅会丰富夏季服装的色彩，还可以使得单品搭配的视觉感受变得完全不同，是检验着装者时尚敏感度的小细节。在不能频繁更换服装时，可以更换搭配品以取得视觉新鲜感（如图3–3–31所示）。

图3-3-31　不同搭配品的夏季服饰搭配

三、秋季的服饰搭配

秋季是收获的季节，给人的视觉感受是草木萧疏，满地黄叶堆积起沉甸甸的收获心情。秋季是处于由热转冷的时节，很多基本衣饰并不是秋天所独具的，但是只要搭配得当，依然可以给秋日增添不一样的气息。

（1）秋装的基本款式搭配

1）毛衣

毛衣在春秋两季都是基本款。秋天毛衣和春天相比，编织方法更粗犷些，辫子针、扭花针等粗毛线编织方法更常用，廓形一般也较大。高领、宽松结构比较多，给人视觉上的保暖作用。秋季毛衣的颜色区别于春季，更多是较为稳重的颜色以及暖色构调、饱和度强的颜色。秋季毛衣可以搭配长裤、长裙等穿着，适宜于较为休闲的场合（如图3–3–32所示）。

图3-3-32　不同风格秋季毛衣的服饰搭配

2）裤装

裤装也是秋季不可缺少的服饰，裤装的种类多样，春季适用的裤装种类基本上都适用于秋季。裤装有紧身裤、直筒裤、阔腿裤、锥形裤等。秋季裤装颜色以黑、灰、暖卡其色调为主，带有英伦风貌的格子裤，在秋季也是很好的搭配单品（如图3-3-33所示）。裤装可根据不同的场合进行变化。裤子长短在秋季也很有特色，为了搭配靴子，很多裤子都设计九分裤或者裤脚可以卷边的样式（如图3-3-34所示）。深色的打底紧身裤也是秋季的特色，作为风衣的内搭也很合适（如图3-3-35所示）。

图3-3-33　秋季格子裤服饰搭配

图3-3-34　秋季裤装搭配靴子的服饰搭配

3）外套

秋季外套是深秋转入冬季利用率最高的服饰品之一。外套方便穿脱，具有很好的遮挡风雨、保暖等实用功能，又具有较好的塑形性，可以很好地修饰着装者的身形。同时，各种不同质地、风格的外套，可以和各种单品搭配，塑造甜美、休闲、都市等不同的着装风格（如图3-3-36所示）。

图3-3-35　秋季紧身打底裤的服饰搭配

外套按照适体程度分为宽松外套、修身外套。修身外套一般不适合搭配过于夸张的下半身，会造成视觉比例的失衡。宽松外套的搭配较为多样，可以搭配较为紧身的下半身，塑造人物干练的视觉形象，也可以搭配宽松的下半身，塑造休闲随意的视觉形象（如图3-3-37所示）。

图3-3-36　不同风格的外套服饰搭配

图3-3-37　不同适体程度外套的服饰搭配

外套按照长度分为长外套、中长外套和短外套。外套长度的选择主要结合穿着者的身形，身高较矮的穿着者，不适宜过长的外套。外套按照样式有双排扣外套、单排扣外套、开襟外套等。面料选择也很多样，毛呢、卡其、化纤、皮革都是外套常用面料。不同面料的视觉感受不同，要根据人物气质进行选择，如帅气前卫的气质适合皮质外套，优雅古典的气质适合灯芯绒质外套，休闲随意的气质适合卡其质外套（如图3-3-38所示）。

图3-3-38　不同材质外套的服饰搭配

4）裙装

在秋季，半裙和连衣裙都是很好的搭配单品，所选用的材质以厚实、温暖为主。如纯色或条纹花色的针织裙装可以适合任何年龄段的女性。裙装可以和外套、毛衣、披肩等服饰品随意搭配，既温暖修身又前卫时尚（如图3-3-39所示）。

图3-3-39　秋季裙装的服饰搭配

（2）秋季服装搭配品

秋季的鞋履、包袋，颜色以温暖、厚重的色彩为主，与整体服饰形成较好的呼应。当整体服装色系过于统一时，也可以使用不同色系的服饰品进行点缀，以增加视觉层次感（如图3-3-40所示）。围巾、披肩是秋季使用率最高的服饰搭配品，既可以起到保暖作用，又可以起到很好的装饰作用，有时披肩还可以取代外套的功能，使用时更具有变化性（如图3-3-41所示）。另外春季使用的丝巾和胸针等饰品在秋季也可以再次使用作为点缀。

图3-3-40 不同色系秋装的服饰搭配

图3-3-41 秋季围巾和披肩的服饰搭配

四、冬季的服饰搭配

冬季寒冷，一身得体的服饰不仅可以驱走严寒，也可以把苍白的日子点缀得更加绚烂多彩，所以反季节的颜色在冬季会大量使用。冬季的服饰搭配应以保暖实用为第一原则，不应为了视觉效果而忽视服饰品实用的基本功能。

（1）冬装的基本款式搭配

1）大衣

在寒冷的冬季，大衣是必备的经典款，既可以保暖，又具有很好的塑形性，不论胖瘦高矮，都有合适的大衣款让着装者在冬季选择。从廓形上讲，大衣主要有有H型、A型、X型、O型、Y型，大衣的廓形主要根据着装者的身形进行选择，扬长避短。大衣从长度上区分有长及臀部、大腿、膝盖、小腿、脚踝的不同长度，可根据着装者的身高和搭配风格、所出席的场合进行选择。一般短大衣的活动便利性更高，长大衣更适合身材较高者，正式场合可选择膝盖以下、脚踝以上长度的大衣（如图3-3-42所示）。从适体程度上大衣有宽松、修身的分别。大衣的面料多以羊毛、羊绒、驼绒为原料，有保暖舒适之功效，可以精纺也可粗纺。

图3-3-42 不同长度大衣的服饰搭配

大衣颜色丰富多彩，不同的颜色具有不同的视觉效果，黑色百搭、白色纯净、红色喜庆、酒红高贵、米色经典、深黄复古、蓝色优雅、灰色简洁。由于大衣可以包裹着身体的大部分面积，所以其他服饰品在与大衣搭配时基本都属于附属地位，可以选择大衣的同类色塑造和谐的色彩关系，也可以选择对比色给大衣一定的点缀作用，但是选择对比色时，使用面积不宜过大，不然容易造成视觉混乱（如图3-3-43所示）。

图3-3-43　不同色彩大衣的服饰搭配

2）羽绒服、棉衣

冬季遇到下雪、冰雹等天气，大衣也无法抵挡冬天的寒冷，就需要换上类似羽绒服和棉衣类的服装进行保暖。相对于大衣的悬垂和挺阔，羽绒服和棉衣造型更休闲些，颜色会相对亮丽些。在很长一段时间内，羽绒服和棉衣由于其较为臃肿的外形，一直没有受到时尚人士的青睐，随着科技的发展，羽绒服和棉衣的塑形感越来越好，造型也越来越多变，开始逐渐成为集时尚性和实用性于一体的常用服装（如图3-3-44所示）。

图3-3-44　不同造型的羽绒服服饰搭配

随着科技的发展，羽绒服和棉衣的材质也越来越多样，其中面料有具有皮革光泽的化纤面料，有柔软高贵的丝质面料，有具有未来感的金属涂层面料，还有常见的棉麻面料。不同材质的羽绒服呈现出不同的服饰情感，丝质面料显得高贵优雅，金属涂层面料显得酷炫帅气（如图3-3-45所示）。不同廓形羽绒服的搭配不同，当羽绒服廓形较小时，可以搭配长裤或长裙以塑造人体比例；当羽绒服的外轮廓较大时，建议搭配较为紧身的裤装，或者裸露部分皮肤和内搭服装，以显示身形，以免显得过于臃肿；亦可以通过给大廓形的羽绒服搭配紧腰带的方式，勾勒曲线（如图3-3-46所示）。

（2）冬季服装搭配品

冬季的服装搭配品以保暖为主，帽子、围巾、靴子都是冬季利用率较高的服装搭配品。即使是一个种类，不同的产品造型也会搭配出不同的视觉效果，如帽子，宽檐帽显得浪漫，棒球帽活泼，钟形帽优雅，毛线帽休闲随性。一般应根据服装主体来选择不同的搭配品，以求视觉和谐（如图3-3-47所示）。

图3-3-45 不同材质的羽绒服服饰搭配

图3-3-46　不同廓形羽绒服的服饰搭配

图3-3-47　冬季不同帽子的服饰搭配

靴子在冬季的利用率也很好，按靴子的长度分为长靴、中筒靴和短靴。长靴一般搭配较短的上衣，可以很好地展现腿部线条，减轻冬季的臃肿感。另外，靴子的颜色与裤子颜色一致，有利于在视觉上拉长腿部线条（如图3–3–48所示）。

图3-3-48　冬季不同长度靴子的服饰搭配

第四节　不同场合的服饰搭配

一、职场的服饰搭配

工作是生活非常重要的一部分，成年女性有多数时间是在职场中度过的，除了特殊工种以外，大部分工作要求着装者展示干练、大方、严谨的人物形象，所以职场服装的搭配往往要求端庄、简单、大方、优雅。职业女性的职场服饰搭配往往需要以下的技巧：

（1）职业女性在搭配服装时，首先要对自己有比较清晰的了解，如个体在身材发肤上的优点和缺点等，这样才能扬长补短；同时要对自己的个性有所认识，了解自己能驾驭哪种风格的衣服（如图3-4-1所示），若选择不当，会在职场中让人感觉是借了别人衣服穿在身上。

图3-4-1　适合于不同人物个性的职场服饰搭配

（2）要对工作环境、工作性质、企业文化有所了解，要注意在某一工作环境下，着装是否有禁忌。

（3）对于经常穿着的职业套装，应该选择高品质、高价位的职业套装，以表现思维冷静、严谨的形象；对于一些交流合作岗位，则要选择既表达职业感又表达亲和力的套装（如图3-4-2所示）。

（4）职业套装均偏中性化，为了和男性冷硬形象相区分，可以适当地添加服饰配件，如胸针、小丝巾、腰带等，增加女性的亲和力和柔韧性。

（5）不要所有职业套装都选用一种类型，适当丰富自己的着装风格。

（6）职业套装要以黑、白、灰及蓝、卡其色为主色调，同时可以增加其他色系单品作为搭配（如图3-4-3）。另外，简单的色调调节，可以产生不同的外观效果。

（7）职业装也可以选择有设计感的服装，如含蓄的图案、精织的面料，同时注意流行细节的款式设计（如图3-4-4所示）。

图3-4-2　严谨的职业装搭配与具有亲和力的职业装搭配

图3-4-3　搭配点缀色的职业装服饰搭配

图3-4-4　具有设计感的职业装服饰搭配

二、休闲场合的服饰搭配

休闲场合是指除了工作以外，属于私人的场合的总称，如旅游、出行、运动、家居等场合，所以涵盖的内容非常广泛。休闲场合的服饰搭配以舒适为第一前提，同时符合人物个性和具体不同的休闲场合的需求，例如：出行服装会比家居服装更为正式，运动场合更注重服饰的功能性等。具体休闲场合的服饰搭配有以下技巧：

（1）了解着装者的体型特点，根据不同体型特点选择服装，扬长避短，寻求最佳的视觉效果，具体可参考前文关于不同体型的服饰搭配技巧。

（2）了解着装季节，根据不同季节搭配服装，在注重实用性的同时，应符合不同季节的心理需求，具体可参考前文关于不同季节的服饰搭配技巧。

（3）休闲场合比较通用的服饰搭配为“运动休闲便装”。这种运动休闲便装以运动服作为服饰搭配的基础，如夹克、衬衣、卫衣、牛仔裤、活动便利的半身裙等，具有一定的中性风格；同时，根据不同女性的风格特点，融合多种设计元素，增加其他单品，如不同的鞋履、包袋、丝巾等饰品，以适合女性在休闲、运动、家居生活中任意组合搭配（如图3-4-5所示）。

图3-4-5　运动休闲风格的服饰搭配

三、正式社交场合的服饰搭配

正式社交场合所穿着的服装指出席某些宴会、舞会、联谊会及社交活动等场合所穿的礼仪服装。我们也把这一类服装统称为礼服。礼服的色彩、款式、材料、饰品等，追求上层的质量、精湛的技术、优雅的风格。

各国家各民族都有自己的礼仪服装，所以礼服的起源、发展也各有所不同。现在我们亚洲有代表性的礼服为日本的和服、韩国的韩服、印度的纱丽，以及中国的旗袍。现在的礼服大多以西式礼服为主，在设计搭配时可以适当加入民族元素和地方特色，以求不同的视觉效果和情感体验（如图3-4-6所示）。

礼服的形式及穿着目的是很强的，它主要受时间、方式、场合的影响，由此，可将礼服分为以下四大类。

晚礼服：产生于西方社交活动中，是在晚间正式聚会、仪式、典礼上穿着的礼仪用服装。晚礼服一般在晚上八点以后穿用（如图3-4-7所示）。

图3-4-6　具有中国风情的礼服（NE.TIGER品牌）

图3-4-7　晚礼服的服饰搭配

小礼服：是在晚间或日间的鸡尾酒会等正式聚会、仪式、典礼上穿着的礼仪用服装。小礼服的裙长在膝盖上下5cm，适宜年轻女性穿着。小礼服一般是在晚六点到八点之间穿用的服装（如图3-4-8所示）。

裙套装礼服：是职业女性在职业场合出席庆典、仪式时穿着的礼仪用服装。裙套装礼服显现的是优雅、端庄、干练的职业女性风采。与短裙套装礼服搭配的服饰体现的是含蓄庄重（如图3-4-9所示）。

图3-4-8　小礼服的服饰搭配

图3-4-9　裙套装礼服的服饰搭配

婚礼服：一般是指新娘的衣裳，本来是宗教的典礼之服，现代婚礼服变化较多。婚礼新娘的装饰象征清纯之美，所以婚礼服的颜色一般为白色，也可以根据个性选择淡蓝色、粉色、淡黄色。值得注意的是，在某些地域习俗中，粉色或淡蓝色代表再婚。婚礼服还包括伴娘服装，以前的婚礼服以长裙为主,随着时代的发展,婚礼服也逐渐出现短裙或者裤装，婚礼服的搭配一般配以同色系的鞋子、首饰，以求整体视觉感觉的统一（如图3-4-10所示）。婚礼服的材质也日渐多样化，包括薄纱、缎面、羽毛等，加工方式有钉珠、镂空、立体绣花等（如图3-4-11所示）。

图3-4-10　不同样式的婚礼服

图3-4-11　不同材质和加工方式的婚礼服

礼服的搭配，一般要遵循以下搭配方法：

（1）传统晚礼服多以收腰的合体长裙为主，其造型重点主要在其肩、背和胸的部位，如低胸、露后背或露肩、臂等，其裸露的程度视不同的环境而定。在西方的文化背景中，露出肩部、颈部和部分胸部被认为是符合社交礼仪的（如图3-4-12所示），而过多的暴露腿部则被认为不够庄重。晚礼服一般搭配同色系的高跟鞋和手拿包，使其色调和谐统一。

图3-4-12 传统晚礼服的服饰搭配

（2）现代晚礼服是随着现代经济快速发展与社交活动频繁的情况下出现的。现在的晚装造型已不再拘泥于传统的样式。为了迎合人们审美观点的变化，现代晚装设计也可融合传统晚礼服特点及地域、民族特点，寻求新的视觉感受。现在的晚装设计造型越来越简洁，通常搭配同色系的鞋履及少量的首饰即可（如图3-4-13所示）。

（3）日间礼服是指女性下午穿着的礼服。其用途广泛，一般用于外出、访问。如果色彩与款式合适，还可以用于婚礼、开幕式、感恩会、一般庆典活动。日间礼服的服装配饰需选用帽子、手套、浅口高跟鞋、小手提包以及优美的耳环、项链、胸针、饰花等（如图3-4-14所示）。

（4）婚礼服是新娘在婚礼上穿用的服装，源于欧洲。婚礼虽是世界各国自古以来就存在的仪式，但新娘在婚礼上穿婚纱的历史却不到200年的时间。在西方，新娘所穿的下摆拖地的礼服原是天主教徒的典礼服。由于古代欧洲一些国家是政教合一的国体，人们结婚必须到教堂接受神父或牧师的祈祷与祝福，这样才能算正式合法的婚姻，所以，新娘穿上典礼服向神表示真诚以及显示纯洁。婚礼服的选择一般以个人意愿为主，可以适当注意服饰与身形的关系，塑造更好的视觉感（如图3-4-15所示）。中国新娘在结婚时会选择西式婚纱，同时还会选择代表中国传统的中式旗袍或者红色汉服。中式礼服的搭配方式多样，现在主要是经过改良后适合现代审美的中式搭配，如旗袍式样的晚礼服；搭配的首饰也不似以前那样繁重，多为具有中国特色的头饰、耳环、项链等（如图3-4-16所示）。

图3-4-13 现代晚礼服的服饰搭配

图3-4-14 日间礼服的服饰搭配

图3-4-15 不同婚礼服的服饰搭配

图3-4-16 中式婚礼服的服饰搭配

作业

作业1: 寻找五位不同体型的女性，帮其进行服饰搭配练习。

要求: （1）写出其身高、三围的尺寸以及体重并分析其体型特点。

（2）并在商场或服装专卖店寻找合适搭配的衣服和饰品，通过图片组合的形式，搭配出合适其穿着的服装。

（3）图片+文字分析，A4卡纸装裱。

作业2: 给一名女性整理春夏秋冬的衣橱。

要求: （1）说明该女性年龄、职业、收入、身高、体型、性格、喜好。

（2）说明其各个季节的搭配方式，以图片形式表现所有基本款。

（3）图片+文字分析，A4卡纸装裱。

作业3: 以《杜拉拉升职记》中任意角色为原型，设计搭配五种不同场景下的着装。

要求: （1）角色原型分析。

（2）根据不同场合进行服饰搭配。

（3）图片+文字分析，A4卡纸装裱。

第四章

服饰品牌及风格定位

学习情境：多媒体教室。

学习方式：课堂理论讲授与作业辅导相结合，辅以幻灯、录像、图片等教学手段，引导学生熟悉服装市场，了解服饰品牌的特点，熟悉服饰品牌的风格定位。

学习目的：了解服饰品牌的风格及特点,并能根据服饰搭配需要选择不同的相应合适的服饰品牌进行搭配设计。

学习要求：（1）了解服饰品牌的特点；

（2）掌握不同服饰品牌的风格；

（3）掌握不同服饰品牌的服饰搭配方法。

学习准备：（1）观看纪录片《设计师S1——第五集》（DESIGNER PEOPLE 05）；

（2）观看纪录片《DIOR和我》。

第一节　服饰品牌的特点

一、服饰品牌的概念

品牌（Brand）一词源于挪威语“烧”，意为在家畜身上烙烧印记，远古时代人们在陶器、青铜器、玉器及其他生活用品上刻画标记，以示产地、品号、归属，这是品牌发源的前身。现在的品牌是给拥有者带来溢价、产生增值的一种无形的资产，它的载体是用以与其他竞争者的产品或劳务相区分的名称、象征、记号、术语、设计及其组合，增值的源泉来自于消费者心中形成的关于其载体的印象。

服饰品牌是指以服装为主体产品，以品牌名称和品牌标志来区别于其他服装产品的系列服饰组合。品牌名称是品牌中可以称呼的部分，其基本功能是为了使其同其他服装产品区别开来，防止发生混淆，便于消费者选购，如路易·威登、迪奥、ONLY等。品牌标志是品牌中易于识别但不能用口语称呼的部分，包括符号、颜色、图案等，如路易·威登的品牌标志是其英文名Louis Vuitton的两个单词首字母“L”和“V”重叠组成的独特图像，范思哲Versace的品牌标志是古希腊神话中代表着致命的吸引力的蛇妖美杜莎（Medusa），等等（如图4-1-1、图4-1-2所示）。

图4-1-1　Louis Vuitton品牌标志

图4-1-2　Versace 品牌标志

品牌名称和品牌标志在一定程度上代表了品牌本身的性格特征，特别是服饰品牌，不同的品牌标志与该品牌的服饰品契合度很高，如法国著名奢侈品牌克里斯汀·迪奥（Christian Dior，CD），简称迪奥（Dior），它的设计一般选用高档、上乘的面料来表现耀眼、光彩夺目、华丽高雅的女装，继承法国高级女装的传统，保持高级华丽的设计路线，做工精细，迎合上流社会成熟女性的审美品位。而其品牌名称“Dior”在法语中是“上帝”（Dieu）和“金子”（or）的组合，金色也是Dior品牌最常见的代表色。从标识到产品都贯穿了华丽、高雅的品牌特征（如图4-1-3所示）。

图4-1-3　Christian Dior的品牌标志及服饰产品

服饰品牌的构架由三个层次组成。首先，作为物质存在的产品是品牌的核心层，包括质量、性能、尺寸、价格等商品的一般属性；其次，由产品名称、品牌的标志符号、造型设计等构成中间层；再次，是外表层，也就是品牌形象层，包括消费者对品牌的认知程度、信任程度、价值评定等品牌形象的价值部分。三个层面相互依托，层层递进，如果说核心层是基础，中间层是桥梁，那么作为外表层的品牌形象则是目标。

而服饰品牌以服饰产品为主体，那什么是服饰产品？服饰产品指流通到市场上，批量或者非批量生产的服饰。批量生产的服饰是按照标准号型开发设计，适合于服装企业和大众消费的，在设计时不仅要兼顾款式、面料、色彩、装饰等，还要考虑到功能、审美和经济。非批量生产的服装往往是高级定制或者手工制作的，主要服务于个别人物，一般针对该人物的具体身形、气质及所需要的场合进行设计制作。

服饰搭配设计师不仅要对不同的服饰品牌有所了解，还要能根据自己的经验、审美和判断，将各品牌的服饰品依据穿着者进行搭配设计。学习服饰品牌和服装产品的意义有助于了解服饰生产中设计师的角色。有助于在服装搭配过程中将产品的美感、价格、时效性、合体度、耐穿性等元素融入设计中；有助于更好地了解市场，将所学的理论知识更好地与市场相结合。

二、服饰品牌的分类

服饰品牌数量繁多，对其分类方法可总结如下：

（1）按照价位分类，服饰品牌按照价位分类一般分为奢侈品服饰、高价位服饰、中高价位服饰、中价位服饰、低价位服饰。

从字面意思上看，价位是按照服装所售卖的价格范围来区分的。不同价格范围的服装品牌，有不同的消费群体，有不同的盈利空间，其产品设计风格、产品质量、售后服务均不相同。比如，高价位服饰品牌是对高级时装作简化后而生产的产品，其款式领先、设计顶尖，但它们还是工业化批量生产，而不是奢侈品时装。奢侈品服装（如图4-1-4所示）更多是采用高级定制的方式，针对个别消费者进行设计和制作，价位高昂的同时，设计师和制作者也付出相对多的劳动。

图4-1-4 Gucci品牌高级定制服饰品

（2）按照时尚需求程度分类，一般分为大众服饰、流行服饰、前卫服饰等。

大众服饰是受众面积最大的服饰种类，在人们的日常生活、工作、休闲时穿着。而随着社会的发展，人们对审美的要求越来越高，也越来越乐于在日常生活中展现自己的个性特征，这使得流行服饰的地位越来越重要，流行服饰也日渐成为一种大众消费，变成大众服饰的一个部分。前卫服饰（如图4-1-5所示）一般多存在于秀场、明星或者时尚爱好者之中，这部分人群观念前卫，对服饰要求高，乐于尝试不同的服饰搭配。但是前卫也是一个相对存在的概念，随着时间的推移，部分前卫服饰可能会成为流行服饰或者大众服饰。

图4-1-5　前卫服饰

（3）按照消费者年龄分类，一般分为婴儿服饰、幼儿服饰、儿童服饰、少女少男服饰、青少年服饰、青年服饰、男士服饰、未婚女士服饰、已婚女士服饰、妇女服饰、老人服饰。

在综合类大型商场中，服装销售也常常按照年龄分类的方式来安排楼层，以便于消费者能更直接快速地找到适合自己年龄层次的服饰。但按照年龄分类只是一个大概的范围分类，并与消费者自身的身心状况有很大的关系，如许多年龄较大但身心都保持较好的女性，就可以适合多种年龄层次的服饰。

（4）按照服装产品模式分类，服饰品牌的生产模式很多，如有设计师品牌、商业品牌、生产品牌等。

设计师品牌是以设计师命名的品牌，如DIOR 、ARMANI、CHANEL等，这些品牌创立之初都是以设计师自己的名字作为品牌的名字，以自己的设计风格作为服饰品牌的最大卖点。强烈的个人设计风格是设计师品牌在消费者心目中树立明确标杆的一种方式。“Fashion passes，style remains. 时尚会过去，但风格永存。”这句话是对设计师品牌的最好诠释。如著名的日本时装品牌ISSEY MIYAKE，其服饰品具有雕塑感，像流动的艺术品，是该品牌在消费者心中独特的品牌形象（如图4-1-6所示）。现在市场上较多的时尚品牌都是设计师品牌。

图4-1-6　ISSEY MIYAKE品牌服饰

商业品牌是一种虚拟经营，指只拥有自己的设计和营销公司，将服装放到外加工厂贴牌去做，如美特斯邦威、JACK JONES等。这种公司不需要投入大量的资金建立自己的厂房，只需要根据自己服装产品的品类，将加工环节放到不同的专业加工厂中，设计和营销是公司的经营中心。

生产品牌是指拥有自己的生产基地或厂房，引进智能化的服饰产品生产流水线，自行加工产品。其服饰品牌的产品以经典款为主，如西装、衬衫等，注重服装版型、衣服加工质量，依靠大批量生产获得经济效益，代表品牌有雅戈尔YOUNGOR、罗蒙ROMOM等。

三、 服饰品牌的设计特点

首先，在服饰品牌设计时，不同的品牌有不同的设计方法，针对大众的服饰品设计不能太学术化，要从画服装效果图的学院设计惯性中“改道”至工业用服装设计——从理论设计到利润设计。在设计时要注意生产机械化、产品规格化、生产快速化、价格合理化、款式大众化。

生产机械化是指所有服装产品是依靠生产加工流水线完成的，每一个设计细节都有相应的流水线环节。不能随意地添加设计细节，每一个细节都做到是最终产品的必需，这才能最大限度地节约生产加工成本。

产品规格化是指所有的服装产品都是工业化批量生产的，国家对其有规定的号型规格系列标准。设计师在进行产品设计时要注意按照号型标准进行设计。

生产快速化是指每件服装产品都有自己的加工周期，合理的加工周期可以缩短产品的上市时间。

价格合理化是指每个服饰品牌都有自己的价格区间，所以设计师在设计时不能只注重自己的审美喜好和流行趋势，还要兼顾服装产品的价格区间，在这个价格区间中安排面料、款式、设计细节。

款式大众化并不是指生产大众都能接受的产品，而是指设计师要注重自己品牌所对应的消费群体，要使自己的设计个性与目标消费群体的设计个性相一致，设计出符合目标消费群体审美的服装。

其次，设计师需要有良好的合作精神。设计师不与成衣营销部门进行沟通就会对成衣款式销售的统计不清或一无所知，也就不能从客观上了解哪些款式热销哪些款式滞销，设计的成品将带有极大的滞销风险；不与原材料部门沟通，设计的款式很可能无批量原材料供应，从而无法批量生产，最终导致设计无效；不与工艺技术部门进行沟通，则设计将是不可靠的设计。

最后，设计师要强化市场观念，因为所有设计都是围绕目标消费群体的。

第二节　服饰品牌的风格

一、服饰品牌风格的定义

风格是指艺术作品的创作者对艺术的独特见解和与之相适应的独特手法所表现出来的作品独特的面貌特征。

服饰在内容和形式方面所显示出来的价值取向、内在品格和艺术特色，是服饰精神内涵与整体外观相结合的总体表现，能传达出服饰的总体特征。一个企业、一个品牌必须通过营造富有个性的品牌形象和独特的产品风格才能具有市场竞争力。掌握和了解不同品牌的风格，在进行服饰搭配设计时才能做到有的放矢、快速准确。

二、服饰品牌风格的分类

（1）休闲风格

休闲风格服饰，俗称便装，是人们在无拘无束，自由自在的休闲生活中穿着的服饰，一般塑造人物简洁、自然的风貌。

休闲风格的服饰品牌的设计虽然随意但富含趣味性，易于穿着，服装线型自然，装饰运用不多，外轮廓简单，搭配随意多变，强调多种搭配性，针脚牢固，结构、工艺以及细节常见且多变。

休闲风格的服饰品牌的面料以天然纤维为主，经常强调面料的肌理效果或者面料经过涂层、亚光处理，以强调实用性。配以尼龙搭扣、抽绳、罗纹、缉线、商标等装饰。色彩比较明朗单纯，具有一定的流行特征。

休闲风格的代表品牌有：美国的ESPRIT、意大利的BENETTON、美国的盖普（GAP）、美国的RALPH LAUREN、美国的TOMMY、瑞典的H&M 等（如图4-2-1、图4-2-2所示）。

图4-2-1　ESPRIT品牌服饰

图4-2-2　GAP品牌服饰

休闲风格并不一定意味着价格低廉或者受众广泛，如意大利的著名奢侈皮具品牌托德斯（Tod's），其产品的风格定位是舒适、休闲，产品外观简洁大方，所有的产品都是意大利制造，每个产品的每个制作步骤都是手工进行。它的受众群包括明星、皇室、政要，Tod's能够让人贴近生活又不失身份，尤其适合旅途休闲时光。Tod's所代表的就是“最顶级又舒适的鞋子”与“最简单但经典的皮包”（如图4-2-3所示）。所以即便是休闲风格的服饰搭配，也要考虑具体受众的身份、社会地位和经济承受能力。

图4-2-3　Tod's品牌服饰

（2）学院风格

所谓的学院风格是近现代流行起来的一种风格倾向，起源于欧美常春藤盟校的学生制服，是美国穿着方式与英式传统融合的产物。发展到现阶段，又添加了混搭元素，由于日本、韩国的中学生制服的外观与其极其相似，所以又加入了许多日韩风貌。但总体来说，主要塑造学生青春、活力的形象以及条理感。

学院风格的标志性单品包括西装外套、卡其裤、针织背心、Polo衫、格纹衬衫、胶框眼镜、制式鞋履等。款式以格纹、条纹是为主要特点，简洁且剪裁合身的款式，稚气中带有独有的女性甜美。颜色以驼色、深蓝、白色、纯黑、米白、殷红、藏蓝等较为沉稳和传统的颜色为主。

代表品牌包括：法国的Elle Sport、美国的POLO（马球）、中国的NANCYK、韩国的E-Land（衣恋）等（如图4-2-4、图4-2-5所示）。

值得注意的是，现在的学院风格并不是完全照搬校服的制式穿着。可以是制式服饰一件或者多件的混合搭配；也可以是制式服装，但是搭配更为活泼的服饰品，以求轻松、活泼的感觉。在选择学院风格的服饰进行服饰搭配时，并非只可以选择该类型品牌进行服饰搭配，也可以选择其他风格品牌但是具有一定类似风貌的服饰，如格子裙、帆布鞋、色彩鲜艳的首饰等，以搭配出更适合不同个人的整体服饰（如图4-2-6所示）。

图4-2-4 POLO品牌服饰

图4-2-5 E-Land品牌服饰

图4-2-6 不同个性的学院风格服饰搭配

（3）经典风格

所谓经典风格，即传承已久的风格。该风格相对比较保守，讲究穿着品质，不太受流行左右，追求严谨而高雅，是以高度和谐为主要特征的一种服饰风格。正式的西装套装就是经典风格的典型代表。

经典风格品牌的服饰大多造型对称，廓形简练，少用省道线与分割线。以蓝色、酒红、白色、驼色、紫色等沉静高雅的古典色为主。面料多选用传统的精纺面料，花色以传统的彩色、单色面料居多。装饰细节精致，比如局部绣花、领结、领花等。

代表品牌有：意大利的乔治·阿玛尼（GIORGIO ARMANI）、法国的路易威登（Louis Vuitton）、意大利的马克斯·玛拉（MAX MARA）、法国的爱马仕（Hermès）等（如图4-2-7、图4-2-8所示）。

经典风格品牌往往适合年龄较为成熟、社会地位较高、具有一定经济实力的受众群体。在进行经典风格品牌的服饰搭配时，注意根据不同人的不同体型进行搭配，扬长避短。同时除了遵循搭配的

图4-2-7 Louis Vuitton品牌服饰

图4-2-8 GIORGIO ARMANI品牌服饰

法则和技巧外，不同经典风格品牌的文化内涵、社会属性也是需要考虑的重要因素。如世界著名奢侈品牌爱马仕（Hermès），其包袋系列中有许多著名的款型，如凯莉包（Kelly Bag）、柏金包（Birkin Bag）等。1956年，摩洛哥王妃Kelly拎着最大尺码的以鳄鱼皮制的爱马仕包袋登上《Life》杂志封面，半掩着她怀孕的身躯，流露她闪亮妩媚的女性美，卷起狂潮，这款手袋被爱马仕命名为Kelly Bag（如图4-2-9所示）。而著名的手提包款爱马仕“柏金”包（Hermes Birkin）是以法国明星Jane Birkin来命名。据说是1984年，Jane Birkin在Air France的航班上偶遇一个男性，当时她包里的东西散落一地，于是旁边的这个男性跟她说：“你应该背一个有口袋的包包。”Jane Birkin回答他说：“等到Hermès品牌出产一个带有口袋的包包，我会买的。”这个男人回答她说：“我就是Hermès，我会为你制作一个带有口袋的包包。”于是，就诞生了爱马仕“柏金”包（Hermès Birkin）。爱马仕“柏金”包比爱马仕“凯莉”包更为休闲、洒脱，材质与色彩的选择性也比“凯莉”包更大（如图4-2-10所示）。所以，在进行服饰搭配时，即使是同一品牌外形类似的包袋，也要注意不同产品的选择。

图4-2-9　Hermès品牌Kelly Bag

图4-2-10　Hermès品牌Birkin Bag

（4）优雅风格

所谓优雅风格，是指该品牌给人的主体印象是合理、单纯、制约、适度的视觉感受，优雅风格相较于经典风格，更多的是强调女性感。具体表现为较强女性特征、兼具时尚感的较成熟的外观与品质较华丽、做工精细等。

优雅风格品牌的服饰一般较合体，讲究廓形曲线，悬垂性好，分割线以规则的公主线、省道线、腰节线为主。多使用高档面料，面料质地细腻、悬垂性好。同时，讲究服饰的细节设计，装饰不烦琐但精美，常用绣花、荷叶边、蕾丝、缎带、抽褶、包边等装饰细节。色彩多选用柔和高雅的含灰色调。

图4-2-11　CHANEL品牌服饰

图4-2-12　VALENTINO品牌服饰

优雅风格的代表品牌有：法国的香奈尔（CHANEL）、意大利的瓦伦蒂（VALENTINO）、法国的纪梵希（GIVENCHY）、法国的伊夫·圣·洛朗（YVES SAINT LAURENT）、意大利的芬迪（FENDI）等（如图4-2-11、图4-2-12所示）。

随着社会的发展，人们对服饰彰显个性的要求越来越强烈。优雅风格的服饰搭配并不代表一成不变，相反，在此风格内也可以根据不同的人物个性进行服饰搭配。如红色系的搭配显得热烈开朗，绿色系的搭配显得清新自然，黑色系的搭配显得庄重克制。当服装颜色或造型较为统一时，可以选择不同的服饰配件进行点缀，如手套、围巾、帽子等，以求更为活跃的视觉效果（如图4-2-13所示）。

图4-2-13　不同性格特征的优雅风格服饰搭配

（5）前卫风格

所谓前卫风格，是指该品牌给人的审美倾向超前于现在大众审美，风格新奇多变，善于打破传统，造型富于幻想，运用具有超前流行的设计元素。

前卫风格的服饰品设计无常规，较多使用不对称结构与装饰，尺寸与线型变化较大，分割线富有想象且无限制。用色大胆鲜明、对比强烈、不受约束。并且经常使用奇特新颖、时髦刺激的面料，而且材质搭配经常反差较大。

前卫风格的服饰品牌有：英国的维维恩·韦斯特伍德（VIVIENNE WESTWOOD）和亚历山大·麦奎因（ALEXANDER MCQUEEN）、意大利的莫斯奇诺（MOSCHINO）、法国的让·保罗·戈尔捷（JEAN PAUL GAULTIER）等。

前卫风格品牌并不是一味地求新求异，而是在寻求超前或者与众不同的审美方式，不同的前卫风格品牌也有不同的性格特质，在服饰搭配时需要根据具体不同受众选择性搭配。如VIVIENNE WESTWOOD品牌，创作思想基于政治上的无政府主义和艺术上的反传统精神，以“朋克”为调色板，创造出为现代某些青年喜爱的服饰。服饰结构完全背离原有的传统样式，剪裁繁复错落，适合对现实社会充满批判精神、具有独特叛逆个性的人群（如图4-2-14所示）。而同为前卫风格的MOSCHINO品牌，以时尚幽默、俏皮为主线风格，设计中充满了戏谑的游戏感与对于主流时尚的幽默讽刺，例如，将流行快餐、卡通人物等元素引入服饰品设计中，色彩活泼大胆，适合具有轻松感、幽默感的受众人群（如图4-2-15所示）。

图4-2-14　VIVIENNE WESTWOOD品牌服饰

图4-2-15　MOSCHINO品牌服饰

（6）中性风格

中性风格，即不论男装女装，都弱化该类别性别因素，向另一性别靠拢。如女装，则弱化女性特征，部分借鉴男装设计元素。

中性风格品牌的服饰品设计，线条精练，直线条运用较多，分割线比较规整，造型棱角分明，廓形简洁利落。色彩明度较低，以黑色、白色和灰色等常规色为主，较少使用鲜艳的色彩。面料选择范围很广，但是几乎不使用性别味太浓的面料，多采用棉、麻、卡其等常见的中性面料。

中性风格的代表品牌有：卡尔文·克莱因（CALVIN KLEIN）、乔治·阿玛尼（GIORGIO ARMANI）、唐纳·卡兰（Donna Karan）等。

随着女性解放思想的传播和越来越多的女性步入职场，中性风格的品牌服饰越来越受到职业女性和性格爽朗女性的喜爱。由于中性风格服装不强调展现身体曲线，所以穿着舒适，功能性强，简练大方。中性风格的服饰搭配有助于塑造人物干练、强势的感觉，选择时需要同时搭配相对较为中性的发型和妆容。当然不同的品牌所呈现的中性风格不同，有的以职场中性风格为主，有的以街头中性风格为主，需要根据具体人物和场合进行服饰品牌的选择和搭配（如图4–2–16所示）。

图4–2–16　CALVIN KLEIN品牌服饰

（7）民族风格

民族风格品牌的服装地域特点鲜明，较少使用分割线，大多工艺特殊，情节感强；色彩多数浓烈、鲜艳，对比较强；经常选用充满泥土味和民族味的手工面料，不同地区、不同民族所使用的面料差异性较大；手工装饰较多，多用刺绣、珠片、流苏、嵌条、滚边、印花、编织物等装饰。

民族风格的代表品牌有：日本的森英惠（HANAE MORI）、美国的安娜·苏（ANNA SUI）、法国的克里斯汀·拉克鲁瓦（CHRISTIAN LACROIX）、意大利的米索尼（MISSONI）、中国的例外（EXCEPTION de MIXMIND）等（如图4–2–17所示）。

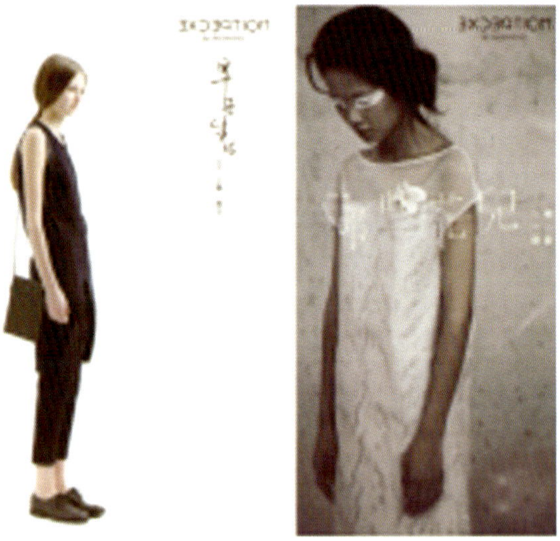

图4–2–17　EXCEPTION品牌服饰

在进行民族风格品牌的服饰选择和搭配时，主要注意三点：一是服饰整体的统一感，最好以一个具有民族风情的服装或者饰品为主导，搭配其他点缀物，不要过于繁复和花俏，因为多民族一起混搭，容易产生视觉混乱感；二是与所搭配的受众气质吻合，一般选择受众本身所属的民族，可以更好地突出服饰的特色和受众本人的气质；三是与现代审美的吻合，民族风格服饰并不意味着是完全固守传统的服饰，它可以是传统服饰的改良、变种和再造，增加其实用性，使其更符合现代日常生活的需要（如图4–2–18所示）。

图4-2-18　民族风格服饰搭配

（8）浪漫风格

浪漫风格的服饰品牌特点是优美朦胧、柔和轻盈。造型大多精致奇特，局部处理别致细腻。多喜欢花型面料。部分针对年轻人群的品牌轻松明快、适应年龄层较轻的年轻女性日常穿着，具有青春气息。浪漫风格的服装可以使用多种服装造型，繁简皆宜，分割线也不受约束，弧形线或变化设计的零部件较多。面料选择随意，棉、麻、丝、毛以及化纤均可使用，花色较多，色彩通常比较亮丽。

图4-2-19　Elie Saab品牌服饰

浪漫风格的代表品牌有：黎巴嫩的艾莉·萨博(Elie Saab)，美国的唐娜·凯伦（DONNA KARAN）旗下DKNY、意大利普拉达（PRADA）的另一品牌线缪缪（MIU MIU）等。

浪漫风格的服饰品牌受到许多女性消费者的喜爱，不过不同浪漫风格的品牌针对的受众人群也不一样，如Elie Saab主要通过轻绢曼纱、珠罗蕾丝来表达想象中的透明和性感，适合高贵、清雅的浪漫女性（如图4-2-19所示）。而Miu Miu多用轻逸布料，如棉纱、丝绸等，线条流丽，款式简约，色彩鲜艳，透漏出小女孩的天真、活泼感（如图4-2-20所示）。

图4-2-20　Miu Miu品牌服饰

随着社会的发展和人们审美意识的提高，服饰品牌还呈现出许多不同的风格，如简约风格、田园风格、淑女风格等。在进行服饰搭配时，首先可以根据不同的人物气质选择不同风格的服饰品牌，然后再在同类型品牌中选择适合人物体形、性格、社会地位和出席场合所需的服饰品进行搭配。服饰搭配是一个灵活而多变的过程，设计师需要根据自己的服饰搭配原则、审美和经验来进行搭配，而不能照本宣科，也不能只注重品牌效应，而是应该根据具体人物来进行搭配。

作业

作业1：寻找五个不同的服饰品牌，分析其品牌品牌风格、款式特点、色彩特征、面料特色。

要求：品牌图片+文字分析，A4卡纸装裱。

作业2：选择一名具体人物，根据其特点选择符合其气质的品牌风格，设计春夏秋冬服饰搭配各一套。

要求：品牌、人物图片+文字分析，A4卡纸装裱。